ZEITSCHRIFT FÜR ANGEWANDTE GEOLOGIE

HERAUSGEGEBEN VON

DER STAATLICHEN GEOLOGISCHEN KOMMISSION

UND DER ZENTRALEN VORRATSKOMMISSION

DER DEUTSCHEN DEMOKRATISCHEN REPUBLIK

AUS DEM INHALT

AKADEMIE-VERLAG · BERLIN

BAND 8 / HEFT 11
NOVEMBER 1962
SEITE 561–616

Die ZEITSCHRIFT FÜR ANGEWANDTE GEOLOGIE berichtet ständig über folgende Arbeitsgebiete: Geologische Grundlagenforschung und Lagerstättenforschung / Methodik der geologischen Erkundung / Ökonomie und Planung der geologischen Erkundung / Technik der geologischen Erkundung / Geologie und Lagerstättenkunde im Ausland. In der Zeitschrift können alle strittigen Fragen der praktischen Geologie behandelt werden. Die Autoren übernehmen für ihre Aufsätze die übliche Verantwortung.

ZEITSCHRIFT FÜR ANGEWANDTE GEOLOGIE

KOLLEKTIVE CHEFREDAKTION

Dr. K. KAUTER (Redaktionssekretär)
Dr. F. STAMMBERGER
Dr. G. TISCHENDORF
Dipl.-Berging.-Geol. G. ZINDLER

BAND 8 · NOVEMBER 1962 · HEFT 11

Geologie und technischer Fortschritt[1]

A. SIDORENKO, Minister für Geologie und Lagerstättenschutz der UdSSR

Erdöl, Kohle, Erdgas, Schwarz- und Buntmetallerze sind das Brot der Industrie. Phosphat- und Kalilagerstätten liefern Düngemittel, durch die die Bodenfruchtbarkeit erhöht wird. Man kann sich die Entwicklung der Volkswirtschaft, den Aufbau der materiell-technischen Basis des Kommunismus nicht ohne eingehend erkundete und maximal genutzte mineralische Rohstoffressourcen vorstellen.

Schon 1918 hatte W. I. LENIN im „Entwurf eines Planes der wissenschaftlich-technischen Arbeiten" das Rohstoffproblem als eines der wichtigsten, dessen Lösung für die Festigung des sozialistischen Staates lebensnotwendig ist, gekennzeichnet. Bereits seit den ersten Jahren der Sowjetmacht wurden geologische Untersuchungen und Sucharbeiten in einem noch nicht dagewesenen Umfange durchgeführt, die zur Entdeckung reicher Lagerstätten verschiedener Bodenschätze führten und eine mächtige mineralische Rohstoffbasis für die Volkswirtschaft schufen.

Den Umfang der Such- und Erkundungsarbeiten kennzeichnet eindrucksvoll folgende Ziffer: Im Jahre 1962 sind auf dem Territorium des Landes rund 9500 Expeditionen und Erkundungstrupps im Einsatz, wobei die im System der Volkswirtschaftsräte eingesetzten Geologen nicht mitgerechnet sind.

Die geförderte mineralische Rohstoffmenge macht einen wesentlichen Teil der Bruttoproduktion des Landes aus, und ihr Anteil nimmt ständig zu. Die Geologen haben im wesentlichen eine planmäßige Entwicklung der Montanindustrie gesichert. Hinsichtlich der erkundeten Vorräte an Eisen, Kohle, Mangan, Nickel, Kupfer und Blei hat die Sowjetunion den ersten Platz in der Welt eingenommen. Sie exportiert in 46 Länder 50 verschiedene mineralische Rohstoffarten und deren Verarbeitungsprodukte.

Großes Verdienst hat sich dabei die sowjetische geologische Wissenschaft erworben, die eine vieltausendköpfige Armee von Erkundungsgeologen mit theoretischem Wissen ausgerüstet hat. Ganz besonders wächst jedoch die Rolle der Wissenschaft gegenwärtig bei der Suche von Bodenschätzen, da den Geologen eine wahrhaft grandiose Aufgabe gestellt wurde: die für die Schaffung der materiell-technischen Basis des Kommunismus erforderlichen mineralischen Rohstoffvorräte zu sichern.

Worin uns die Wissenschaftler helfen müssen

Trotz der unbestreitbaren Erfolge der Geologen können wir einige wesentliche Mängel nicht übersehen. Vor allem kann der Methode nicht zugestimmt werden, nach der die Versorgung mit mineralischen Rohstoffen auf Grund der Gesamtvorräte im ganzen Land berechnet wird. In diese Rechnung gehen also auch wenig rentable Lagerstätten ein. Gleichzeitig sind jedoch einige Bergbauindustriegebiete mit erkundeten Vorräten einzelner Rohstoffarten ungenügend versorgt. So reichen z. B. im Osten des Landes die Vorräte an Eisenmanganerzen, Bauxiten, Chromiten, Phosphaten und Kalisalzen nicht. Das bremst in gewissem Grade die Entwicklung der Industrie und führt zu unproduktiven Transportkosten. Eine solche Situation besteht in den östlichen und einigen anderen Bezirken ebenfalls hinsichtlich Erdgas und Erdöl. Selbst bei ungeheuer großen Gesamtvorräten an Kohle, die annähernd neun Trillionen Tonnen betragen, besteht eine angespannte Lage in der Versorgung der Metallurgie der Zentralgebiete mit verkokbaren Kohlen und mit energetischen Kohlen für den europäischen Teil der UdSSR.

Um die mineralische Rohstoffbasis des Landes richtig einzuschätzen, müssen wir vor allem von der Betrachtung des ganzen Landes abgehen und konkret die mineralischen Rohstoffressourcen der einzelnen Industriegebiete analysieren und dabei die für den Aufschluß neuer Lagerstätten notwendige Zeit berücksichtigen. Die gründliche ökonomische Analyse der mineralischen Rohstoffressourcen des Landes ist eine der wichtigsten geologisch-ökonomischen Aufgaben.

Ein zweiter Mangel unserer Arbeiten besteht darin, daß der Vorratszuwachs an Bodenschätzen nur sehr teuer erreicht wird, mit einem großen Aufwand an Kräften und Mitteln. Fast zwei Drittel aller für die geologische Erkundung bereitgestellten Mittel werden für die teuren Bohrarbeiten ausgegeben. Um Erzlager zu entdecken, müssen oft Millionen Bohrmeter abgeteuft werden. Zum Beispiel werden für den Nachweis einer Million Tonnen Eisenerze in einer Lagerstätte mit verhältnismäßig einfachem geologischem Bau etwa 200 Bohrmeter abgeteuft und durchschnittlich 75—100 chemische Analysen und andere Bestimmungen durchgeführt.

Noch komplizierter und teurer ist die Erkundung von Buntmetallagerstätten und erst recht die von Erdöl und Erdgas in großen Teufen. Die Erkundungskosten von Vorräten der verschiedenen Rohstoffarten machen 0,1 bis 24% der Gesamtkosten des Endproduktes (Metall, chemische Verbindung) aus. Für die geologischen Erkundungsarbeiten der UdSSR werden jährlich Summen verausgabt, die beträchtlich die Investitionen für den Bau von Betrieben der Schwarz- und Buntmetallurgie übersteigen.

Um den für die nächsten zwanzig Jahre vorgesehenen Zuwachs der Industrieproduktion zu sichern, muß die

[1]) Aus: Ekonomitscheskaja Gaseta, Nr. 31 (1962). — Übers.: S. LÄCHELT

Gewinnung von Bodenschätzen stark gesteigert werden, folglich sind ausreichende, zuverlässig erkundete Vorräte zu übergeben. Durchschnittlich müssen sie um das 5- bis 6fache zunehmen, darunter Erdgas um das 10- bis 11fache, Erdöl um das 6fache und Steinkohle um das 2,5fache. Dabei ist zu berücksichtigen, daß nicht nur eine summarische Zunahme im ganzen Land gefordert wird, sondern die Erkundung großer Lagerstätten mit reichen Gehalten an Nutzkomponenten und in Gebieten mit günstigen ökonomischen Voraussetzungen für ihre Nutzung.

Die Schwierigkeit der vor uns stehenden Aufgaben besteht darin, daß in kürzester Zeit mit minimalen Aufwendungen ein großer Arbeitsumfang zu bewältigen ist. Der gegenwärtige Stand in der Vorratserkundung wurde hauptsächlich im Verlaufe von 30 bis 35 Jahren (ab 1927, als Kurs auf die Industrialisierung des Landes genommen wurde) erreicht. Jetzt müssen die Vorräte um das 5- bis 6fache im Verlaufe von 10 bis 15 Jahren erhöht werden, das heißt in der halben oder in einem Drittel der Zeit. Erz, das 1980 verarbeitet wird, muß unter Berücksichtigung der zur Erschließung der Lagerstätte notwendigen Zeit nicht später als 1975 erkundet sein und in den entfernten Gebieten sogar schon bis 1970.

Die Suche und Erkundung von Lagerstätten und die Vergrößerung der Vorräte werden immer komplizierter. Die Ursache ist darin zu sehen, daß die oberflächennahen Lagerstätten bereits mehr oder weniger erkundet sind und jetzt Lagerstätten gesucht werden müssen, die teilweise von kilometermächtigen Schichten verdeckt sind. So wird sich z. B. die mittlere Teufe für Erkundungsbohrungen auf Erdöl und Erdgas von 2,1 km auf 3 bis 3,5 km erhöhen und in einer Reihe von Gebieten auf 4 bis 5 km und sogar 7 km. Bei der Metallerkundung wächst die Teufe von 200—300 m auf 500—600 und sogar 1000 und mehr Meter.

Diese Aufgabe ist nicht durch einfache Steigerung des Umfanges der geologischen Erkundungsarbeiten zu lösen. Das würde eine vielfache Erhöhung der Erkundungsmittel bedeuten, nicht nur um das 5- bis 6fache, sondern um vieles mehr. Wir gehen einen anderen Weg, nämlich den Weg der erheblichen Steigerung der Arbeitsproduktivität der Geologen. Dazu ist eine grundsätzliche Umrüstung des ganzen geologischen Dienstes notwendig, eine theoretische und technische Umrüstung.

Die geologische Wissenschaft tritt hier als direkte Produktivkraft beim Aufbau des Kommunismus auf. Nur sie kann die notwendige Steigerung der Arbeitsproduktivität der Erkundungsgeologen gewährleisten und helfen, die Schwierigkeiten zu überwinden, die oben erwähnt wurden.

Die Verbindung zwischen Theorie und Praxis

Vor den Wissenschaftlern steht die Aufgabe, neue theoretische Grundlagen der Geologie als Hauptvoraussetzung für die Lösung der angewandten wissenschaftlichen Probleme und der praktischen Aufgaben auszuarbeiten. Wir haben die Vorstellung, daß dies durch eine breite Verallgemeinerung und tiefgründige Analyse des ganzen umfangreichen geologischen Materials erreicht werden kann, das sich durch die sowjetische und ausländische praktische Tätigkeit angesammelt hat. Seine Bearbeitung muß auf neuen, die ganze Erde umfassenden, globalen Prinzipien erfolgen. Die Schaffung einer allumfassenden Wissenschaft der Erde, nebst Einbeziehung der Geologie des Meeresgrundes, hat große industrielle Bedeutung.

Für uns sind neue theoretische Vorstellungen über die Entwicklung der Erde als Ganzes, besonders in ihren ältesten Etappen, über die Prozesse der Stoffmigration, der Erzbildung, der Herkunft des Erdöls und Erdgases, die Ursachen der Erdkrustenbewegungen, der Herkunft der inneren Erdwärme und ihren Tiefenbau, lebenswichtig notwendig. Für die Lösung dieser Fragen ist in erster Linie eine einheitliche Front der geologischen Wissenschaftler erforderlich, einheitliche Pläne umfassender theoretischer Forschungen, die der Praxis der geologischen Erkundungsarbeiten unabhängig von ihrer Unterstellung dienen; denn Wissenschaft und Praxis sind wahrscheinlich nirgends so miteinander verflochten wie in der Geologie.

Das Verdienst der Akademiker FERSMANN, ARCHANGELSKIJ, GUBKIN, SAWARIZKIJ, SMIRNOW und anderer Koryphäen der sowjetischen Wissenschaft besteht gerade darin, daß sie, gestützt auf eine gute Kenntnis des geologischen Baus der Gebiete und der Theorie, kühne Prognosen und Empfehlungen gaben, die häufig durch die Praxis glänzend bestätigt wurden, z. B. bei der Entdeckung des Chibiner Apatits, des Erzgürtels am Stillen Ozean, des Erdöls in den Wolga-Ural-Gebieten und jetzt auch in Sibirien.

Eine begründete wissenschaftliche Prognose für die Suche von Bodenschätzen, die sich auf eine Analyse des gesamten vorliegenden geologischen Materials stützt, das ist es, was die in der Praxis tätigen Geologen von den Wissenschaftlern erwarten. Die Konkretheit der Prognosen ist die Hauptsache. Ohne sie können die Mineralressourcen nicht schnell und billig erhöht werden.

Leider wurde bisher in dieser Richtung nur äußerst wenig getan. Auf der gemeinsamen Sitzung des Präsidiums der Akademie der Wissenschaften der UdSSR und des Kollegiums des Ministeriums für Geologie und Lagerstättenschutz der UdSSR, die vor kurzem stattfand, wurde die unzureichende Verbindung zwischen geologischer Theorie und Praxis festgestellt. Die Bearbeitung der regionalen Thematik in den führenden geologischen Instituten des Landes wurde nicht durch eine bedeutende theoretische Verallgemeinerung ergänzt, die praktischen Vorschläge hatten einen etwas weltfremden Charakter. Die Wissenschaftler müssen sich kühner die größten und aktuellsten Fragen der geologischen Theorie stellen und lösen.

Die moderne Geologie ist eine naturhistorische Wissenschaft, die sich auf die Ergebnisse der Physik, Chemie und Mathematik stützt. Enges Zusammenwirken dieser Wissenszweige zu erreichen, ist eine der wichtigsten Aufgaben. Betrachten wir nur einige Aspekte dieses Zusammenwirkens.

Große Aufmerksamkeit wird gegenwärtig der Entwicklung des geophysikalischen Dienstes zugewandt, ohne den eine ernsthafte Untersuchung des Untergrundes undenkbar ist. Dafür wird der fünfte Teil des gesamten geologischen Budgets aufgewandt. Wenn jedoch in der Erdölerkundung die Geophysik (nebenbei bemerkt, auch noch weit entfernt von Vollkommenheit) ein untrennbarer Bestandteil in den Untersuchungen geworden ist, so bedarf die Erzgeophysik einer noch größeren theoretischen Entwicklung, der Schaffung neuer Methoden und einer bedeutenden Verbesserung der technischen Ausrüstung. Hier können die Kernphysik, Radiophysik und Elektronik helfen.

Nach unserer Meinung ist es an der Zeit, die materiellen Grundlagen dafür zu schaffen, daß die radioaktiven Bestimmungsmethoden des absoluten Gesteinsalters aus den wissenschaftlichen Labors in die geologische Praxis übertragen werden und zu einer solch massenhaften Anwendung gelangen wie die paläontologische Bestimmung des relativen Alters der Schichten.

Die Geochemie, besonders die Geochemie der Isotope, die Kerngeochemie, entfaltet gerade erst ihre Möglichkeiten für die Organisierung wissenschaftlich begründeter Suche von Bodenschätzen. Die Schaffung eines leistungsstarken geochemischen Dienstes, ähnlich dem geophysikalischen, ist die Aufgabe der allernächsten Jahre. Dabei müssen die halbhandwerklichen Methoden verlassen werden, bei denen die Gesteinsanalysen unter primitiven, viel Zeit und Kraft erfordernden Bedingungen angefertigt werden und außerdem nicht die notwendige Genauigkeit und Vollständigkeit der Bestimmung nutzbarer Komponenten gesichert sind. Es ist der Zeitpunkt gekommen, an die Industrialisierung des geochemischen Dienstes, an die Organisierung von massenhaften und billigen geochemischen Schnellanalysen zu denken. Nur auf dieser Grundlage kann eine echte angewandte Geochemie entstehen und diese zu einer direkten Produktivkraft bei der Erneuerung der Mineralbasis gemacht werden.

Der wachsende Umfang der geologischen, geophysikalischen und geochemischen Untersuchungen führt zur Anhäufung eines so umfangreichen faktischen Materials, daß es nicht mehr mit den alten beschreibenden Methoden bearbeitet und geistig erfaßt werden kann. Die Effektivität der Bearbeitungsmethoden der wertvollen geologischen Unterlagen ist offensichtlich unzureichend und entspricht nicht dem großen Aufwand für ihre Erhaltung. Die bestehende Methodik ermöglicht nur, einen kleinen Teil der erhaltenen Informationen über den geologischen Bau des untersuchten Gebietes auszunutzen. Es fehlen Kriterien, mit denen die statistische Sicherheit der Interpretationsergebnisse der geologischen Daten beurteilt werden könnte.

Das Leben fordert zwingend die allseitige Einführung mathematischer Methoden in die geologischen Disziplinen, um so die Geologie in eine exakte Wissenschaft zu verwandeln. Wir rechnen damit, daß die Mathematiker uns helfen werden, Zahl und Maß in die geologische Arbeit einzuführen. Viele geologische und geochemische Konstruktionen können mathematisch ausgedrückt werden, was prinzipiell die Ausarbeitung einer quantitativen Grundlage für die Darstellung geologischer und geochemischer Vorstellungen erlaubt.

Die komplizierte und äußerst wichtige Aufgabe der geologischen Kartierung der sogenannten fossilleeren Folgen kann erfolgreich durch Anwendung der Theorie zufälliger Funktionen gelöst werden. Praktisch ist die Lösung des Problems der regionalen perspektivischen Einschätzung für die Suche von Bodenschätzen mit Hilfe der mathematischen Analyse durchaus real. Wir erwarten auch von seiten der Kybernetik Hilfe, besonders in den Fragen der Programmierung der Aufgaben der Perspektivplanung geologischer Erkundungsarbeiten, der Vorratsberechnung für Bodenschätze und der Automatisierung der Rechenprozesse in der Geologie usw.

Eines der kompliziertesten Probleme der modernen Geologie ist die Suche von Erdöl und Erdgas in großen Teufen. Es wird kaum ein anderes ebenso aktuelles Problem genannt werden können. Es ist ökonomisch unmöglich, Erdöl in großen Teufen nur mit Hilfe von Bohrungen zu suchen. Gebraucht werden nicht nur genaue Vorstellungen vom geologischen Bau der Bezirke, sondern auch Methoden zur Entdeckung von Erdöl und Erdgas in der Tiefe, ohne Bohrungen abzuteufen.

Die Wissenschaft ist berufen, die führende Rolle in der Erhöhung der Effektivität der Such- und Erkundungsarbeiten auf Erdöl und Erdgas um mindestens das 4- bis 5fache in den nächsten Jahren zu realisieren. Es steht die umfangreiche Arbeit bevor, die Ressourcen der Erdöl/Erdgasbecken des Landes exakter zu bestimmen und den geologischen Erkundungsorganisationen bei der Projektierung regionaler Arbeiten und der Generalprojekte zur Vorbereitung neuer großer Gebiete vom Maßstab des Wolga-Ural-Gebietes zu helfen.

Zu den erstrangigen theoretischen Problemen gehören die Untersuchung der Gesetzmäßigkeiten in der räumlichen Verbreitung von Zonen der höchsten Erdölanreicherung sowie der größten Erdöl- und Erdgaslagerstätten innerhalb dieser Zonen, ferner das Ausfindigmachen neuer Methoden und Mittel für die Durchführung der Such- und Erkundungsarbeiten. Unter diesen verdienen besondere Aufmerksamkeit regionale geologisch-geophysikalische Untersuchungen in Kombination mit parametrischen Basisbohrungen und direkten geophysikalischen und geochemischen Methoden der Suche von Erdöl- und Erdgaslagerstätten.

Neue Methoden der direkten Suche, insbesondere die Methoden der Kernphysik und der Geochemie, erlauben es vielleicht, Erdöl- und Erdgaslagerstätten direkt von der Erdoberfläche aus zu kartieren; das würde zu einer völligen Umwälzung bei der Suche nach diesen Rohstoffarten führen.

Es ist unmöglich, alle konkreten Richtungen zu erwähnen, die von der einheitlichen Front Wissenschaft und Praxis zu entwickeln sind. Da ist die theoretische Ausarbeitung der Prinzipien der Tiefenkartierung, besonders in den erzhöffigen Gebieten; die Schaffung detaillierter paläogeographischer Karten als Grundlage für die Suche sedimentärer Bodenschätze; die Lösung des Problems des Abteufens übertiefer Bohrungen und die Untersuchung der Sedimentgeologie des Präkambriums. Nicht uninteressant ist die Bemerkung, daß die Lagerstätten der Eisen-, Mangan- und Chromiterze, von Kupfer, Nickel, Kobalt, Uran und Glimmer im Präkambrium 60 bis 90% der Weltvorräte ausmachen.

Die sowjetischen Geologen haben vor allem auf den alten Schilden Kareliens, der Kolahalbinsel, Sibiriens und der Ukraine gearbeitet. Das kristalline Fundament der Russischen Tafel, der ebene Raum des europäischen Teils der UdSSR, sind noch äußerst ungenügend untersucht. Die Untersuchung des Präkambriums der Russischen Tafel kann zu neuen unerwarteten Entdeckungen in den alten Industriegebieten führen. Es ist nicht ausgeschlossen, daß es gelingt, hier auch Lagerstätten an Nickel, Buntmetallen, seltenen Elementen und vielen anderen Bodenschätzen zu finden.

Ökonomie und Geologie

Unter den Bedingungen des entfalteten Aufbaus des Kommunismus erlangen die ökonomischen Begründungen für die Entwicklung der mineralischen Rohstoffbasis und effektiven Nutzung des natürlichen Reichtums erstrangige Bedeutung. Für die Wissenschaft ist hier ein unbegrenztes Arbeitsfeld. Es ist damit in erster

Linie eine solche rationelle Verteilung der bergbautreibenden Industrie gemeint, die eine Einsparung an gesellschaftlicher Arbeit, die Liquidierung von teurem Transport usw. sichert.

Die gefundenen Lagerstätten an Bodenschätzen sind äußerst ungleichmäßig verteilt. Es macht sich die Schaffung von wissenschaftlich begründeten Plänen des Bedarfs an mineralischen Rohstoffen aller Industriezweige unter Berücksichtigung ihrer geographischen Lage und der Aufschlußzeit notwendig. Es dürfen nicht diese oder jene Lagerstätten erkundet werden und dabei Mittel einfrieren, ohne zu berücksichtigen, wann sie in den Abbau einbezogen werden können.

Mit dem Ziel, Zeit zu gewinnen, sieht das Programm der Kommunistischen Partei die Nutzung der natürlichen Ressourcen vor, die schnell und mit größtem wirtschaftlichem Effekt genutzt werden können. Bei uns gibt es jedoch bisher noch kein einziges Institut, das sich speziell mit der vergleichenden ökonomischen Beurteilung der einzelnen Lagerstätten, Rohstoffarten und dem Zustand der mineralischen Rohstoffbasis des Landes im ganzen befaßt. Die fehlende ökonomische Bewertung führte zu der von der Regierung verurteilten Praxis der Einbeziehung vieler Lagerstätten in die Erkundung, deren industrieller Wert zweifelhaft war.

Ich führe nur ein Beispiel an. In die Bilanz der erkundeten Vorräte gehen Hunderte von Lagerstätten ein, die bis 1980 nicht für den Abbau vorgesehen sind. Folglich sind die für sie aufgewendeten Erkundungsmittel eingefroren. Es werden z. B. 171 Eisenerzlagerstätten nicht abgebaut, die ca. 20% der Gesamteisenerzvorräte ausmachen. Weiterhin werden nicht abgebaut: 10 Schwefellagerstätten (78%), 65 Steinsalzlagerstätten (37%) usw. In den letzten Jahren wurden ca. 4000 für den Abbau unrentable Lagerstätten aus der Bilanz der erkundeten Vorräte herausgenommen. Bei angespanntem Plan für den Vorratszuwachs an Bodenschätzen können wir es uns nicht erlauben, geologische Erkundungsarbeiten durchzuführen, die nicht durch ökonomische Berechnungen begründet sind.

Nach unserer Meinung kann die Lösung der Frage, dem neuen Zweig der Wissenschaft — Ökonomie der mineralischen Rohstoffe — auch organisatorisch Rechnung zu tragen, nicht länger aufgeschoben werden.

Neben der ökonomischen Analyse schon bekannter Rohstoffarten ist eines der Zentralprobleme dieser Wissenschaft auch die Bestimmung des Bedarfs an neuen mineralischen Rohstoffarten zur Entwicklung neuer Industriezweige. In den letzten Jahren hat das Leben den Geologen z. B. die Aufgabe gestellt, die Rohstoffbasis an Uran, Germanium, Caesium, Piezoquarz u. a. zu sichern. Vor noch nicht allzulanger Zeit, in den 20er Jahren, wurden 59 Elemente genutzt. Heute werden von 88 unter natürlichen Bedingungen vorkommenden chemischen Elementen 85 genutzt, und wir treten in das Zeitalter der Ausnutzung aller den Menschen bekannten Elemente ein. Zweifelsohne wird die Industrie in den vor uns liegenden 20 Jahren die Gewinnung anderer früher nicht genutzter Arten an natürlichen Ressourcen fordern.

Die wissenschaftliche Begründung für den Bedarf an neuen mineralischen Rohstoffarten kann nur in enger Gemeinschaft der Geologen mit den neuen Zweigen der Physik und Chemie, die die heutige Technik weiterentwickeln, gegeben werden.

Unser Land hat reiche mineralische Rohstoffressourcen. Wir nutzen sie allerdings noch lange nicht wirtschaftlich, und vieles von dem, was wir erkundet haben, verbleibt als Verlust im Boden oder geht bei der Verarbeitung verloren.

Die Forderung der sparsamen Nutzung der Bodenschätze ist sehr ernst. Bekanntlich gehören mineralische Rohstoffe zu den Naturreichtümern, die sich verringern und im Nutzungsprozeß durch den Menschen nicht erneuern. Beim gegenwärtigen Stand der Technik, bei dem Hunderte von Millionen Tonnen Bodenschätze gewonnen werden, ist die Frage nach der Erschöpfung der Vorräte bei weitem nicht überflüssig. Doch bis heute haben wir praktisch noch keinen wissenschaftlich begründeten Lagerstättenschutz.

Es können nicht wenige Beispiele über unrationelle Nutzung der Apatit-Nephelin-Erze, der Buntmetalle, des Erdölspaltgases usw. angeführt werden. Die Verluste erreichen z. B. bei der Kohle 30—50%, bei den Buntmetallen bis 20 und sogar 40%, bei den Kalisalzen 50—60% und beim Glimmer 90%.

Obwohl in unserm Land der Ausbringekoeffizient für Erdölschichten höher ist als in den USA, können wir doch nicht die beim Abbau auftretenden großen Verluste übersehen. Im Durchschnitt werden in der UdSSR 44% des Erdöls gewonnen und 56% verbleiben vorerst im Lager. Wenn es den Wissenschaftlern gelingt, neue Abbaumethoden auszuarbeiten und den Gewinnungskoeffizienten von 0,44 z. B. auf 0,60 zu erhöhen, könnten aus den vorhandenen Lagerstätten ohne zusätzliche Bohrungen 50—60 Millionen jato mehr gewonnen, d. h. ein Produkt mit einem Wert von ca. zwei Milliarden Rubel erhalten werden. Das würde alle Aufwendungen für geologische Erkundungsarbeiten rechtfertigen.

Im Rechenschaftsbericht des ZK der KPdSU auf dem XXII. Parteitag hat Genosse N. S. CHRUSCHTSCHOW aufgerufen, einen erbarmungslosen Kampf gegen die Verschwendung von mineralischen Rohstoffen zu führen. „Sparsamkeit im großen und im kleinen, die zweckmäßige Verwendung der Naturreichtümer und materiellen Werte", unterstrich er, „müssen zur Politik unseres Staates erhoben werden."

Die Wissenschaft muß helfen, effektivere Gewinnungsmethoden der nutzbaren Komponenten der Erze auszuarbeiten. Durch die Liquidierung der Verluste bei dem Abbau und der Verarbeitung der Bodenschätze können der Volkswirtschaft zusätzliche Quellen mineralischer Rohstoffe erschlossen werden. Das ist gleichwertig der Entdeckung neuer großer Lagerstätten in schon erschlossenen Gebieten.

Im Lagerstättenschutz ist es an der Zeit, von allgemeinen Aufrufen und der Feststellung von Fakten über unwiederbringliche Verluste zur konkreten technischen und ökonomischen Untersuchung der Ursachen dieser Verluste, zur Ausarbeitung neuer technologischer Schemata und Methoden zu kommen. Es ist der Zeitpunkt gekommen, die Geologie fest mit der Verarbeitungstechnologie des mineralischen Rohstoffes zu vereinigen. Auf jeden Fall sind die herrschenden mechanischen Abbaumethoden offensichtlich anachronistisch. Hunderte Millionen Tonnen Gesteinsmasse werden zutage gefördert, aber genutzt werden von ihnen nur einige Prozent.

Es müssen prinzipiell neue, effektivere Gewinnungsmethoden der nutzbaren Bodenschätze gefunden werden. Die Aufmerksamkeit muß auf die äußerst aussichtsreichen Methoden der untertägigen Auslaugung, thermischen Verflüchtigung, Gasifizierung usw. besonders für die Nutzung armer Erze der seltenen und Spurenelemente gelenkt werden.

Die in den Erzen enthaltenen Komponenten werden bei uns noch nicht komplex genutzt. Wie früher wird durch enges betriebsegoistisches Herangehen nur eine vorherrschende Komponente gewonnen, viele begleitende, äußerst wertvolle Komponenten bleiben dagegen ungenutzt. Die Ausarbeitung einer komplexen Technologie für die Verarbeitung der Erze und ihre ökonomische Begründung müssen schon beim Studium der Lagerstätte beginnen. Unsere wissenschaftlichen Institute jedoch verwirklichen in unzureichendem Maße die Erarbeitung einer komplexen Technologie und ökonomischen Bewertung der Lagerstätte. Aber wer, wenn nicht die Institute für mineralische Rohstoffe, soll den Kampf gegen Unwirtschaftlichkeit und Schluderwirtschaft auf dem Gebiet der natürlichen Reichtümer anführen?

Das Vordringen der Erkundung in große Teufen, die geologische Untersuchung der Ozeane und Meere stellen auch hohe Forderungen an die wissenschaftlichen Forschungs- und Konstruktionsarbeiten auf dem Gebiet der neuen Technik. Zur technischen Umrüstung der geologischen Erkundungsarbeiten muß die Wissenschaft ihren Teil beisteuern.

Es muß bemerkt werden, daß die technische Ausrüstung der Geologie nicht den vor ihr stehenden Aufgaben entspricht. Die Hälfte der gegenwärtig im Einsatz befindlichen Erkundungsausrüstungen ist wenig produktiv und veraltet. Das bezieht sich besonders auf die Bohranlagen, die sehr schwer und wenig beweglich sind.

Die bergmännischen geologischen Erkundungsarbeiten, die vom Geologischen Dienst des Landes durchgeführt werden, beruhen hauptsächlich auf Handarbeit; sie sind nicht mehr als zu 10—15% mechanisiert. Das Abteufen von Bohrungen, besonders mit Kernentnahme und in große Teufen, geht äußerst langsam vor sich; die Erkundung von Lagerstätten zieht sich gewöhnlich über viele Jahre hin.

Es müssen in kürzester Zeit leichte und transportable Bohranlagen für Teufen von 2000—3000 m entwickelt werden, die für schwer zugängliche Gebiete geeignet sind. Weiterhin sind schwere Anlagen für 7000 und mehr Meter tiefe Bohrungen notwendig, gute Transportmittel für schwierigste Verhältnisse, auf den letzten Errungenschaften der Physik und Radioelektronik fußende geophysikalische Apparaturen, um Angaben über die Bodenschätze direkt beim Bohren zu erhalten, sowie Apparaturen zur Untersuchung des zwischen den Bohrungen liegenden Raumes. Ernsthafte Untersuchung verdient das Abteufen von Bohrungen mit einem Antrieb unmittelbar auf der Bohrlochsohle bei Bohrungen geringen Durchmessers. Das würde die Abteufkosten um 25—30% senken und zu einer bedeutenden Einsparung von Metall und Material führen. Dadurch könnten jährlich Dutzende Millionen Rubel eingespart werden.

Leider beschränkt sich die Entwicklung der geologischen Technik noch auf die Vervollkommnung von fast fünf Jahrzehnte alten Methoden und Konstruktionen. Möglicherweise könnten die Wissenschaftler schon in nicht ferner Zukunft für die Geologie vollkommen neue Gesteinszerkleinerungsverfahren und Methoden des Bohrens entwickeln, z. B. auf der Basis des Elektrofunkens, der Tropfensprengung, des Plasmas, des Ultraschalls, der Elektrohydraulik, und so eine hochproduktive Technik schaffen.

Bei der Lösung dieser Aufgaben möchten wir in breitem Umfang mit den Industriezweiginstituten kooperieren. Wir erwarten auch von seiten der Technischen Abteilung der Akademie der Wissenschaften der UdSSR Hilfe. Durch gemeinsame Anstrengungen könnte ebenfalls die Grundlage zur Errichtung eines Instituts für geologischen Gerätebau geschaffen werden, dessen Notwendigkeit sowohl die Geologen der Praxis als auch die Wissenschaftler erkennen.

Das sind allgemein umrissen die wissenschaftlichen Probleme, deren Lösung die geologische Praxis verlangt und die in der Endkonsequenz das Tempo des technischen Fortschritts bestimmt.

Über die Beziehungen postmagmatischer Lagerstätten zu den jungvariskischen Graniten im Thüringer Schiefergebirge und Vogtland[1)]

Herbert Reh, Jena

(Mitteilung aus dem VEB Geologische Erkundung West)

1. Einleitung

Während im Vogtland ähnlich wie im Erzgebirge schon seit langer Zeit die Beziehungen der Ganglagerstätten zu den variskischen Graniten von Kirchberg und Bergen sowie dem durch einen Kontakthof angedeuteten Granit von Eichigt klar erkannt werden konnten (W. Jaeger 1924, F. Schumacher 1933, E. Puffe 1938 und O. Oelsner 1952 u. 1958), waren die Verhältnisse in dem westlich anschließenden Thüringer Schiefergebirge schwieriger zu deuten. Zwar gab die sog. „Granitlinie" (W. Schwan 1954 u. 1956), die sich in nordwestlicher Richtung vom Kontakthof von Sparnberg über die Granitaufbrüche von Helmsgrün, des Hennebergs und des Sormitztals, die Kontakthöfe bei Leutenberg, den Aufbruch bei Hirzbach, bis zum Aufbruch von Döhlen, d. h. bis in den Raum südlich von Saalfeld, verfolgen läßt, einen Hinweis auf das Vorkommen granitischer Körper in der Tiefe, jedoch konnte man sich nur unklare Vorstellungen von deren Verbreitung und Lagerungsverhältnissen machen.

Aus tektonischen Gründen kam B. v. Freyberg (1923) zu der Auffassung, daß die vorwiegend auf NW gerichteten Spaltenzügen auftretenden Sideritgänge vom Typ Lobenstein nicht dem variskischen Magmatismus zugerechnet werden dürfen, sondern ins Tertiär zu stellen sind. Demgegenüber wies A. Pollak (1948) darauf hin, daß die NW gerichteten Klüfte und Störungen nicht erst saxonisch entstanden sind, sondern größtenteils schon früher, z. T. prägranitisch, angelegt wurden. Allerdings mußte er zugeben, daß im Lobensteiner Revier ein Nachweis variskischer Erzgenese nicht so leicht zu erbringen ist wie im Vogtland, da

1) Eingang des Manuskripts in der Redaktion: 25. 7. 1962

damals eine Verbindung mit magmanahen pneumatolytischen Paragenesen im Bereich des Sparnberger Granits noch nicht festgestellt war. In neuen Aufschlüssen konnte nunmehr einwandfrei erkannt werden, daß die Lobensteiner Gänge Abkömmlinge des variskischen Granits sind.

Im bayrischen Teil des Frankenwaldes konnte G. v. HORSTIG (1956) nachweisen, daß die Frankenwälder Querzone auch im Südosten eine Achsenrampe darstellt, wie dies B. ENGELS (1952) und W. SCHWAN (1954, 1955 u. 1956) für den nordwestlichen Teil feststellen konnten. Nach dem Vorgang von A. WATZNAUER (1954) schloß er aus der Verbreitung der Erzgänge des Lobensteiner Reviers auf eine größere seitliche unterirdische Erstreckung des Granitmassivs, dessen höchster Aufbruch durch den Sparnberger Kontakthof angedeutet wird. Damit ergibt sich die Lage des Granits im Bereich einer Hebungszone.

2. Neue geologische Ergebnisse

Ein zur Erkundung möglicher Vererzungen im Bereich der Thüringer Granitlinie durchgeführtes Bohrprogramm (H. REH 1958, G. MEINEL 1959) brachte eine Reihe neuer Erkenntnisse über den Sparnberger Granit und seine postmagmatischen Bildungen. Diese von G. MEINEL (1959, 1960 u. 1961) und H. LÜBKE (1962) bearbeiteten und ausgewerteten Bohrungen trafen den Granit in Tiefen von 326, 298, 280, 261, 516, 468,5 und 396,3 m unter Gelände entsprechend Seehöhen von 100, 145, 178, 180, —3, 9,6 und 89,3 m an. Der in den ordovizischen bis kulmischen Deckschichten ausgebildete Kontakthof ist rund 400 m mächtig, wobei auf den äußeren Kontakthof mit Knoten- und Fleckschiefern etwa 300 m und auf den inneren mit Muskovit-, Muskovitbiotit- und Andalusitglimmerschiefern sowie Amphiboliten etwa 100 m entfallen. Der vor allem in den dunklen Tonschiefern enthaltene feinverteilte Pyrit ist im Kontakthof in Pyrrhotin umgewandelt worden.

Der Granit ist ein klein- bis mittelkörniger Zweiglimmergranit von richtungslos-körnigem Gefüge mit einer Dichte von 2,61—2,63 (nach einer freundl. Mitteilung von M. KOPF). Er ist nach seinem Chemismus zu dem aplitgranitischen Magmentyp zu stellen (G. MEINEL 1960). Eine feinkörnige Randausbildung ist am Kontakt zum Nebengestein überall zu erkennen, selten ist auch eine stockscheiderartige pegmatitische Randzone vorhanden. Die Kontakte zum Nebengestein sind scharf und z. T. deutlich diskordant. Eine wesentliche Assimilation des Nebengesteins ist nicht erkennbar.

Im Gefolge der Granitintrusion treten nach Beobachtungen von G. MEINEL (1960) einmal pneumatolytische bis hochthermale Skarnerze und zum anderen pneumatolytische bis hydrothermale Vererzungsvorgänge im Granit und im hangenden Nebengestein auf. Einzelheiten über diese interessanten Mineralisationsprozesse wird er im Rahmen einer Dissertation veröffentlichen.

Offenbar sind die Granite der Granitlinie nicht gleichzeitig, sondern nacheinander auf einer Geofraktur aufgestiegen. Dadurch ergeben sich besonders im Chemismus bemerkenswerte Unterschiede. So sind im Nordwesten der Granitlinie intermediäre Gesteine anzutreffen, während im Südosten die sauren Glieder verbreitet sind. Im zentralen Teil des Henneberggebietes sind als ältere Aufbruchsgesteine Granodiorite festzustellen, während die in diese intrudierten jüngeren Granite saure Endglieder sind. Dementsprechend finden sich im Südosten der Granitlinie ausgeprägte gravimetrische Minima, während die schwereren Gesteine im Nordwesten der Granitlinie im Schwerebild nur mäßig hervortreten.

Nach den Untersuchungen von G. MEINEL (1961) ist das Gestein des im Nordwesten der Granitlinie gelegenen Aufbruchs von Döhlen ein mittelkörniges dioritisches Gestein, das nach M. KOPF (1960) eine Dichte von 2,68 bis 2,72 aufweist. Sein Kontakthof ist mit etwa 30 m sehr geringmächtig. Etwas basischer ist das kleinkörnige dioritische Gestein von Hirzbach (G. MEINEL 1959), das die Dichte 2,8 besitzt.

Im Henneberg-Gebiet lassen sich nach E. SCHRÖDER (1955) und H. VOIGT (1958) im wesentlichen zwei Granittypen unterscheiden, ein Granodiorit und ein Muskovitgranit. Im Aufbruch des Sormitztals steht ein Granodiorit mit einer Dichte von 2,68 (nach M. KOPF 1960) an. Das Gestein von Helmsgrün ist durch die Dichte von 2,64 gekennzeichnet. In den älteren Biotitgranit des Hennebergs intrudierte offenbar der jüngere, dem Sparnberger Granit ähnliche Muskovitgranit mit der Dichte 2,62. Er ist von dem Biotitgranit durch pegmatitische Zonen getrennt. Ebenfalls zwischen beide Granite ist linsenförmig ein Zweiglimmergranit eingeschaltet, wobei es sich wahrscheinlich um ein Mischglied zwischen dem Biotit- und dem Muskovitgranit handelt.

Im großen Rahmen hat A. WATZNAUER (1960) die Verbreitung granitischer Tiefenkörper im variskischen Gebirge Sachsens und Thüringens dargestellt. Die von ihm angeführte Bedeutung der NW gerichteten Elbelinie und anderer paralleler Lineamente für den Magmenaufstieg konnte im Thüringer Raum bestätigt werden.

3. Neue gravimetrische Ergebnisse

Regionale Gravimetermessungen des VEB Geophysik, Leipzig (G. HERTWIG 1955; S. GROSSE, M. KOPF & K. SONNTAG 1958 u. 1961; CHR. OELSNER 1959; W. CONRAD 1959; K. SCHÖSSLER 1961 u. 1962), zeigten eindeutig, daß die jungen variskischen Granite des Erzgebirges und Vogtlandes infolge ihres gegenüber ihrer Umgebung geringeren spezifischen Gewichts im Schwerebild als negative Anomalie erkennbar sind. Als Grundlage für die Auswertung wurden von M. KOPF, S. GROSSE & K. SONNTAG (1961) Dichtebestimmungen an sämtlichen in Frage kommenden Gesteinsfolgen vorgenommen, so daß man auch das Problem der Bestimmung der Tiefenlage granitischer Körper einer Lösung näherbringen konnte. Ein derartiger Versuch ist für das Vogtland und Erzgebirge von S. GROSSE, CHR. OELSNER & H. BREMER (1961) vorgelegt worden und hat für das Erzgebirge einen tiefreichenden, etwa 13 km mächtigen Granitkomplex wahrscheinlich gemacht, in dessen westlichem Randgebiet die Granite von Bergen und Kirchberg als steil aufsteigende Aufragungen aus der Westflanke des Granitkomplexes zu deuten sind.

Es zeigt sich, daß der im Untertriebeler Quersattel in der südwestlichen Verlängerung des Bergener Granits gelegene Kontakthof von Eichigt von einem aus größerer Tiefe aufragenden Granitkörper ausgeht, der sich in Form einer 8 in nordwestlicher Richtung erstreckt und im Gebiet von Bösenbrunn nochmals eine zweite Aufragung besitzt. Eine 1939 bei Lauterbach niedergebrachte Tiefbohrung ließ den von dieser Aufragung ausgehenden Kontakthof ab 320 m erkennen, erreichte aber den darunterliegenden Granit nicht. Dagegen traf eine im Jahre 1953 etwa 1 km weiter westlich, zwischen der Ludwig-Fundgrube und Schönbrunn, angesetzte Tiefbohrung den Granit in rund 377 m Tiefe an (H. SCHÜTZEL & G. HÖSEL 1962). Auch im eigentlichen Kontakthof von

Eichigt ist in den letzten Jahren der unterlagernde Granit durch Tiefbohrungen in 312 und 531 m Tiefe nachgewiesen worden. Er ist porphyrisch ausgebildet und zeichnet sich durch stark perthitische Feldspäte und reichen Muskovitgehalt aus.

Als charakteristische Lagerstätten sind Gänge mit katathermalen Zinnparagenesen, mesothermalen Fluorit-Siderit-Chalkopyrit- und epithermalen Bi-Co-Ni-Paragenesen anzutreffen. Ihre Verbreitung steht in Einklang mit der gravimetrischen Anomalie (s. Karte).

Im Gegensatz zu der ausgedehnten und sehr ausgeprägten negativen Schwereanomalie des Erzgebirges, die am besten durch einen tiefreichenden mächtigen Granitkomplex mit der Dichte 2,62 erklärt werden kann, zeigen sich im westlich anschließenden Thüringer Schiefergebirge örtlich zwar deutliche, aber bei weitem weniger ausgeprägte negative Schwereanomalien, die sich stellenweise auch mit bekannten Granitaufbrüchen und Kontakthöfen decken. Für diese Schwereminima werden von S. Grosse, Chr. Oelsner & H. Bremer (1961) zwei verschiedene Deutungsmöglichkeiten diskutiert, wovon meines Erachtens derjenigen mit der pilzförmigen Intrusionsform geologisch die größte Wahrscheinlichkeit zukommt. Vermutlich stiegen die granitischen Intrusiva auf einer tektonisch bedingten tiefreichenden NW-Störung aus einer basalen Granitaufschmelzungszone auf und breiteten sich in der Nähe der Erdoberfläche in erzgebirgischer Richtung lakkolithisch aus.

Bei der Betrachtung des Schwerebildes zeigen sich entlang der sog. Granitlinie und noch darüber hinaus eine Reihe von Schwereminima, die z. T. durch Schwereminuszonen miteinander in Verbindung stehen (s. Karte). So läßt sich von dem Schweretief von Sparnberg (+ 2,49 mgal) eine Verbindung zu dem Schweretief des Hennebergs (— 1,10 mgal) erkennen, das sich auch noch einige Kilometer in Richtung Leutenberg verfolgen läßt, dann aber im Raum von Leutenberg durch nord- bis nordostgerichtete Strukturen gestört wird. Eine Schwereminusachse erstreckt sich auch vom Henneberg nach SW in Richtung Lehesten, deren Verlängerung sich in nordöstlicher Richtung bis zum Schwereminimum von Auma (— 1,63 mgal) verfolgen läßt.

Im Gebiet von Lositz ist wieder ein kleines Schweretief (+ 0,26 mgal) zu erkennen, dem sich in südlicher Richtung noch die beiden getrennten Schwereminima von Marktgölitz (+ 0,18 mgal) und Zopten (— 0,68 mgal) anschließen. Von Lositz läßt sich zunächst in nördlicher, dann umbiegend in nordwestlicher Richtung eine Verbindung zu dem Schwereminimum von Bad Blankenburg (— 9,44 mgal) feststellen, das mit einem dem Schwarzburger Sattel vorgelagerten Haupttief bei Thälendorf (— 10,14 mgal) und dem Nebentief von Köditz (— 9,51 mgal) zusammenhängt. Es erscheint folgerichtig, in Analogie zu der Erklärung der Schwereminima von Eichigt, Sparnberg und Henneberg durch das Auftreten leichter variskischer Granite auch bei den übrigen negativen Schwereanomalien an das Vorkommen leichterer Granite in der Tiefe zu denken.

Gewisse Unterschiede in der Intensität und Ausdehnung der Schwereminima müssen wahrscheinlich auf das Vorkommen von Graniten verschiedener Schwere zurückgeführt werden. Allerdings besteht auch die Möglichkeit, daß selbst in den Schwereminimazonen, in denen oberflächlich nur schwerere Granite bekannt sind, in der Tiefe noch leichtere jüngere Granite vorhanden sein können. Deshalb können sich die unter dem Bruchschollenfeld der Frankenwälder Querzone vermutlich vorhandenen Granite nur durch sehr geringe Schwereanomalien zu erkennen geben. Mit aller Vorsicht sind deshalb die schwachen Anomalien von Lositz, Marktgölitz und Zopten als Hinweise auf unterlagernden Granit benutzt worden. In dem Bereich Lositz weisen der Dioritaufbruch von Döhlen, verschiedene Porphyrit- und Kersantitgänge sowie das Antimonerzvorkommen von Oberloquitz auf magmatische Gesteine in der Tiefe hin. Die Anomalie Zopten deckt sich mit dem Gebiet, in dem die Lichtentanner Störung ihren größten Verwerfungsbetrag aufweist, wo Phycodenschiefer gegen Kulmschiefer verworfen sind. Es ist nicht unwahrscheinlich, daß auf dieser Schollengrenze zum Gräfenthaler Horst Granit aufgestiegen ist.

Die Deutung der Anomalien durch das Vorkommen leichter, an leicht flüchtigen Bestandteilen reicher Granite wird noch durch das Vorhandensein von postmagmatischen Lagerstätten im engeren Bereich dieser Anomalien unterstützt. Auch ihre Bindung an tiefreichende Störungszonen entspricht auf das beste den geologischen Vorstellungen.

Es ist in diesem Zusammenhang bemerkenswert, daß solche Granitaufstiege nicht nur auf den Störungszonen anzunehmen sind, die vom NE-Rand der Münchberger Gneismasse ausgehend die Frankenwälder Querzone längs durchziehen und in die Eichenberg—Saalfelder Störungszone mit ihren südwestlich beigeordneten Bruchzonen des NE-Randes des Thüringer Waldes münden, sondern daß auch am SW-Rand des Thüringer Schiefergebirges und Frankenwaldes derartige granitische Körper in der Tiefe eine Rolle spielen, die als Ausläufer einer vom Fichtelgebirge und vom Böhmerwald herkommenden Minimumzone möglicherweise das Schwereminimum von Schalkau (— 18,5 mgal) bedingen und über die Schweretiefs von Hildburghausen (— 20,24 mgal), Schleusingen (— 19,3 mgal) und Breitenbach (— 20,49 mgal) mit dem Tief der Waldschänke südöstlich von Stützerbach (— 18 mgal) und darüber hinaus in nördlicher Richtung mit dem Minimum von Ohrdruf, das noch mit einem südlichen Ausläufer bei Gräfenroda in der Karte erscheint, sowie mit dem Minimum von Köditz am Nordostrand des Schwarzburger Sattels in Verbindung stehen. Offenbar zweigen sich von den Hauptmassiven noch kleine Teilkörper ab. So steht mit dem Tief von Schalkau noch ein Teilminimum nordöstlich von Steinheid (— 8,3 mgal) in Beziehung (s. Karte).

Da natürlich auch die Möglichkeit besteht, die Schwereminima im Vorland (Schalkau, Hildburghausen und Schleusingen) gegebenenfalls durch tief eingesenkte Becken mit einer Füllung leichter Gesteine, vor allem des Rotliegenden, hinreichend erklären zu können, sind diese nur als Möglichkeiten einer Granitverbreitung in großen Tiefen dargestellt. Bei Sedimentbecken müßten dann weit über 1500 m tiefe Muldenzonen angenommen werden, für die aber keine genügenden Hinweise vorliegen. Man müßte dann auch einen anderen Verlauf der Isanomalen erwarten.

Als einziger Anhalt für die Tiefenlage des Untergrunds könnte in diesem Gebiet die Bohrung Colberg, 5 km östlich von Heldburg, dienen, die am Nordflügel der Grabfeldgau-Mulde steht. Sie ist im Mittleren Keuper angesetzt und hat in 646,2 m Tiefe den Oberen Buntsandstein erreicht. Daraus kann man auf eine Lage des

Grundgebirges in 1200—1500 m Tiefe schließen, je nachdem, ob mächtiges Steinsalz und gegebenenfalls noch Rotliegendes entwickelt sind. Trotz dieser relativ starken Muldenlage wurde nur ein Schwerewert von — 9 mgal gemessen, wobei allerdings zu berücksichtigen ist, daß in nicht allzu großer nordwestlicher Entfernung (25 km) letzte Ausläufer der Kraichgau-Tauber-Anomalie zu erkennen sind, die wahrscheinlich auf eine Hochlage der Simaschicht zurückzuführen ist.

In dem zwischen Schleusingen und Ilmenau angenommenen Verbreitungsgebiet des Schleusetalgranits ist zu bemerken, daß die hier in größeren Mächtigkeiten verbreiteten Quarzporphyre gleichfalls eine geringe Dichte aufweisen. Da sie jedoch mit mächtigen Porphyriten wechsellagern, die eine höhere Dichte besitzen, werden sich in den rotliegenden Deckschichten immer noch mittlere Dichten ergeben, durch die sich die negativen Anomalien nicht befriedigend erklären lassen. Es muß deshalb eine viel größere Verbreitung des Schleusetalgranits in der Tiefe erwartet werden, als sie durch die gelegentlichen Granitaufbrüche am südöstlichen Gebirgsrand bei Hinternah, im Schleusehorst und am Ehrenberg bei Ilmenau belegt ist.

Schließlich läßt sich eine angedeutete negative Achse im Kerngebiet des Schwarzburger Sattels bis zu dem Minimum von Glasbach (— 5,34 mgal) erkennen. Hier sind jedoch offenbar ältere, tektonisch überprägte saure Granite und Porphyroide die Ursache.

Es war schon erwähnt worden, daß von dem Schweretief des Hennebergs eine Schwereminusachse in nordöstlicher Richtung bis zu dem Schwereminimum von Auma (— 1,63 mgal) ausgeht (s. Karte). Diese Linie entspricht vermutlich einer im Henneberg-Gebiet erkennbaren Aufsattelungszone innerhalb der Ziegenrücker Mulde (W. Steinbach & K. Wucher 1961), worauf auch das bisherige Ergebnis der im Inneren dieser Kulmmulde angesetzten Tiefbohrung Auma hinzuweisen scheint, die nach freundlicher Mitteilung von G. Schlegel (1961) bei 579,5 m Devon antraf. Offenbar ist Granit in den Kern dieser zentralen Sattelzone eingedrungen und hat sich im Gebiet von Auma in der Tiefe lakkolithisch ausgebreitet (W. Lorenz 1957). Da jedoch bis 1100 m noch keinerlei Kontaktwirkung erkennbar ist, kann Granit erst zwischen 1500—2000 m erwartet werden.

4. Lagerstättenkundliche Auswertung

Es war einleitend bemerkt worden, daß im Erzgebirge die Beziehungen der Metallogenese zu den variskischen posttektonischen Graniten schon lange klar erkannt werden konnten, daß aber bereits im Vogtland, vor allem aber im Thüringer Schiefergebirge, nicht überall die Herkunft der mineralisierenden Lösungen eindeutig abgeleitet werden konnte. So ist das merkwürdige Auftreten katathermaler Zinnvererzungen südwestlich Oelsnitz in einer größeren Entfernung von dem bekannten Kontakthof von Eichigt mit einer zweiten Aufkuppelung des Eichigter Granits im Bereich von Bösenbrunn, wie sie aus dem Schwerebild hervorgeht, befriedigend erklärt. Die meso- und epithermalen Lagerstätten liegen vorwiegend über dem westlichen und nordwestlichen Fuß des nach NW breit abtauchenden Granitmassivs (s. Karte).

Am Beispiel des Sparnberger Granits läßt sich dessen Verbreitung zwischen Gefell, Hirschberg und Lobenstein an Hand des Schwerebildes gut verfolgen. Dagegen läßt sich die Beziehung der Gangzüge im Revier von Bad Steben—Naila und der Fortsetzung der Sparnberg—Hirschberger Gangzüge in Richtung Naila zum unterlagernden Granit nicht befriedigend erkennen, da die Gravimetermessungen für das bayrische Gebiet nur überschlägig ergänzt werden konnten. Die in die Karte eingetragene Umrahmung des Lobensteiner Reviers stammt von G. v. Horstig (1956) und soll etwa der Verbreitung des Granitlakkolithen entsprechen (s. Karte). Die Zinnerzgänge am Büchig bei Hirschberg setzen in einem prävariskischen Granit auf, entstammen aber aller Wahrscheinlichkeit nach dem darunterlagernden jungvariskischen Granit, von dem ausgehende pneumatolytische bis hydrothermale Mineralisationen mit Zinn, Zink, Eisen und Kupfer, wie schon erwähnt, neuerdings festgestellt werden konnten (G. Meinel 1960).

Relativ unbedeutend ist die Mineralisation im Bereich des Henneberggranits mit seinen Aufbrüchen Helmsgrün, Henneberg und Sormitztal. Abgesehen von der pneumatolytisch-hydrothermalen Kontaktlagerstätte Weitisberga mit Galenit und Sphalerit treten nur noch unbedeutende Gänge am Großen Silberberg bei Gahma auf, die bei geringer Mächtigkeit Arsenopyrit und Pyrit mit geringen Gehalten an Gold und Silber sowie untergeordnet Chalkopyrit führen. Nur genetisch von Interesse ist das Vorkommen von Molybdänglanz in Quarzschlieren des Hennebergs.

Im Gebiet von Leutenberg erschweren dioritische Gesteine die Auswertung der gravimetrischen Ergebnisse, außerdem herrschen offenbar komplizierte tektonische Verhältnisse. Zusammen mit Kalksilikatfels, Epidot und Granat kommen Pyrrhotin und Pyrit in unbedeutenden Mengen an der Goldkuppe vor. Der Pyrrhotin enthält 8 g/t Ag und 0,5 g/t Au. Schließlich ist noch das Aufsetzen eines Antimonitganges zu erwähnen.

An den bei Bad Blankenburg in der Tiefe vermuteten Granit, der nach dem Schwerebild wahrscheinlich einen Ausläufer bis in das Gebiet von Gräfenthal entsendet und im weiteren Bereich der Schwereanomalie von Lositz den kleinen Dioritaufbruch von Döhlen sowie den unbedeutenden Antimonitgang bei Oberloquitz erkennen läßt, ist im wesentlichen das Chalkopyritvorkommen des Haussachsener Gangzugs westlich Saalfeld gebunden. Das durch spätige Gangart ausgezeichnete Vorkommen führt stellenweise auch etwas Galenit. Jüngerer Entstehung ist das östlich anschließende Revier von Saalfeld—Kamsdorf mit Kupfer- und Kobalterzen sowie metasomatischen Eisenerzen.

Die Antimonitvorkommen zwischen Schleiz und Zeulenroda, vor allem bei Oberböhmsdorf, auf der Nordwestflanke des Bergaer Sattels und die im Gebiet von Schleiz—Pörmitz und Löhma bekannten, auf Querstörungen auftretenden Trümchen mit Siderit-Ankerit, manchmal Baryt und etwas Chalkopyrit lassen sich als Abkömmlinge des im Bereich des Schweretiefs von Auma vermuteten Granits deuten (W. Lorenz 1957) (s. Karte).

Die Antimonitvorkommen bei Greiz und die Vorkommen am Silberberg bei Kleinreinsdorf mit Galenit, Pyrit und Chalkopyrit sind als telemagmatische Mineralisationen im Vorfeld des aus der Tiefe aufsteigenden Bergener Granits aufzufassen, da sich die schwache Anomalie von Greiz schon durch leichtere quarzitische Gesteine erklären läßt, obwohl nach dem Schwerebild die Erstreckung einer Granitzunge bis über Greiz hinaus nicht ausgeschlossen erscheint. Das Gangrevier von Plauen—Jocketa mit Siderit-Chalkopyrit-Gängen liegt

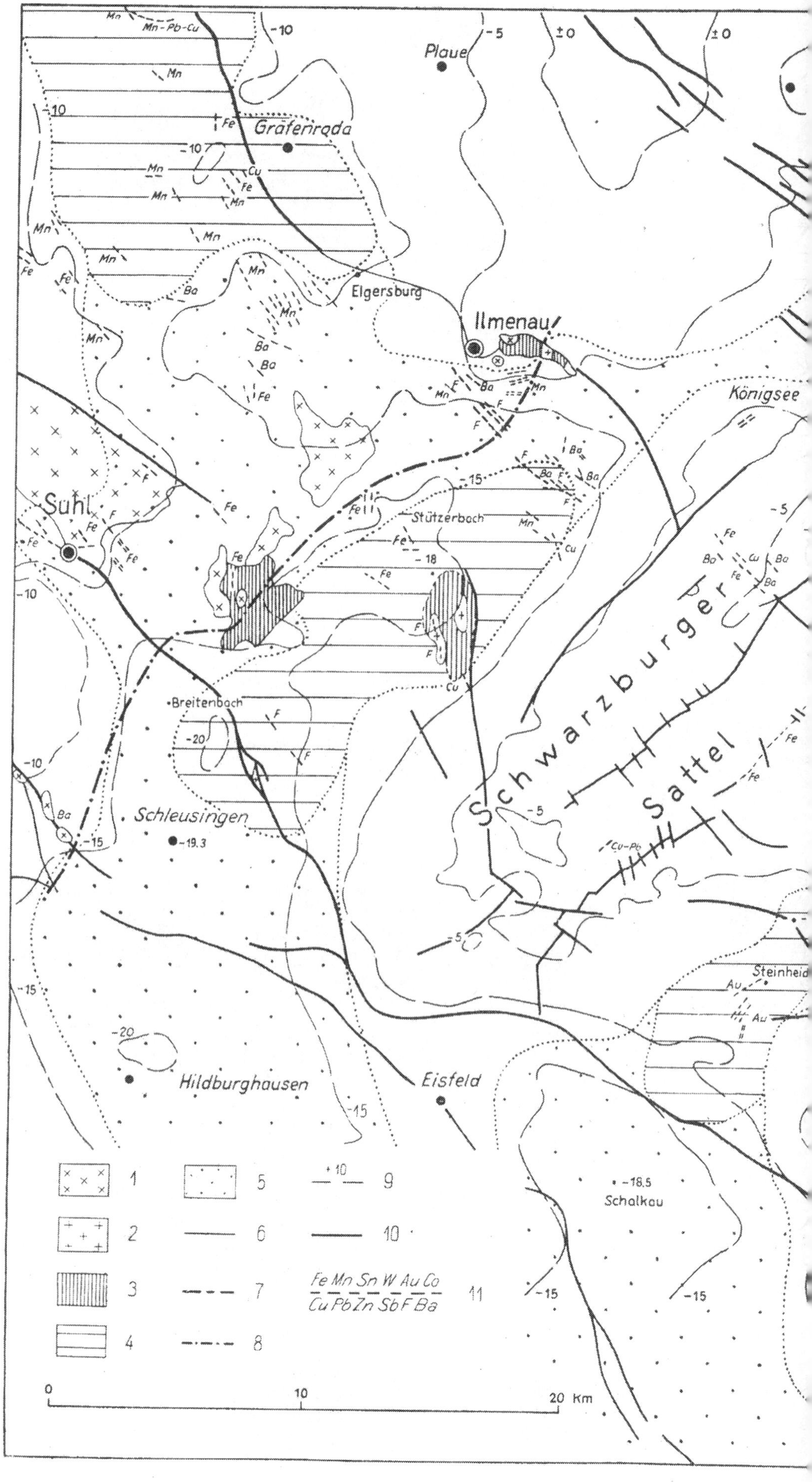

1 — Granodiorit bis Diorit, anstehend; 2 — Granit, reich an leichtflüchtigen Bestandteilen, anstehend; 3 — Kontakthof, 4 —
gleicher Schwere in Ab

Übersichtskarte über die Verbreitung verdeckter Lakkolithe jung

heinliche Verbreitung verdeckter Lakkolithe jungvariskischer Granite in Tiefen bis etwa 1–2 km, 5 – mögliche Verbindung
von 5 mgal, 10 – größere Verwerfungen und Überschiebungen, 11 – postmagmatische Lagerstätten von Eisenerz (Fe), Man

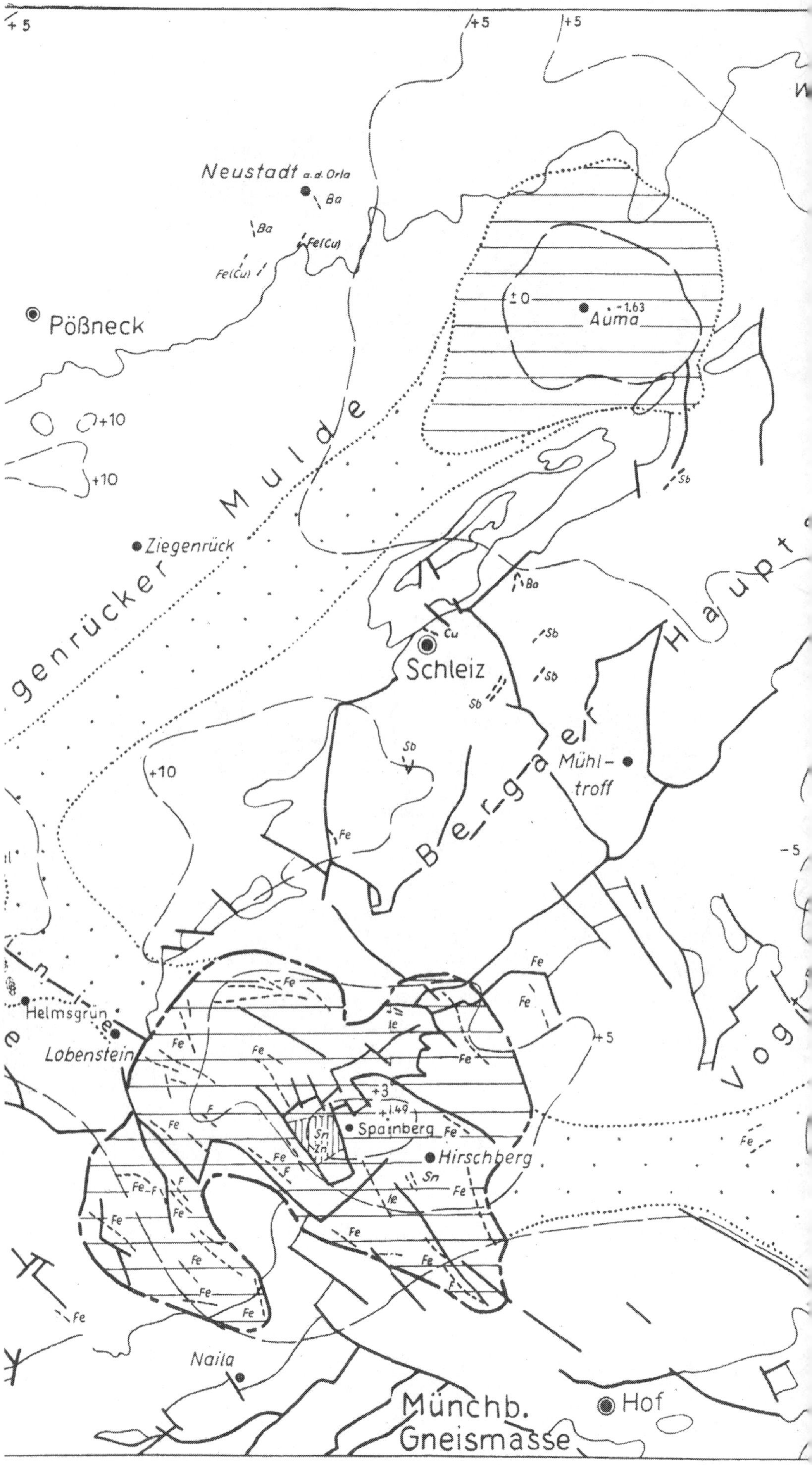

;variskischer Granite im Thüringer Schiefergebirge und Vogtland

en zwischen diesen Granitlakkolithen in der Tiefe, 6 – Gesteinsgrenzen, 7 – Umgrenzungen des Sparnberger Granits nach
ganerz (Mn), Zinnerz (Sn), Wolframerz (W), Golderz (Au), Kobalterz (Co), Kupfererz (Cu), Bleierz (Pb), Zinkerz (Zn), Antimonerz

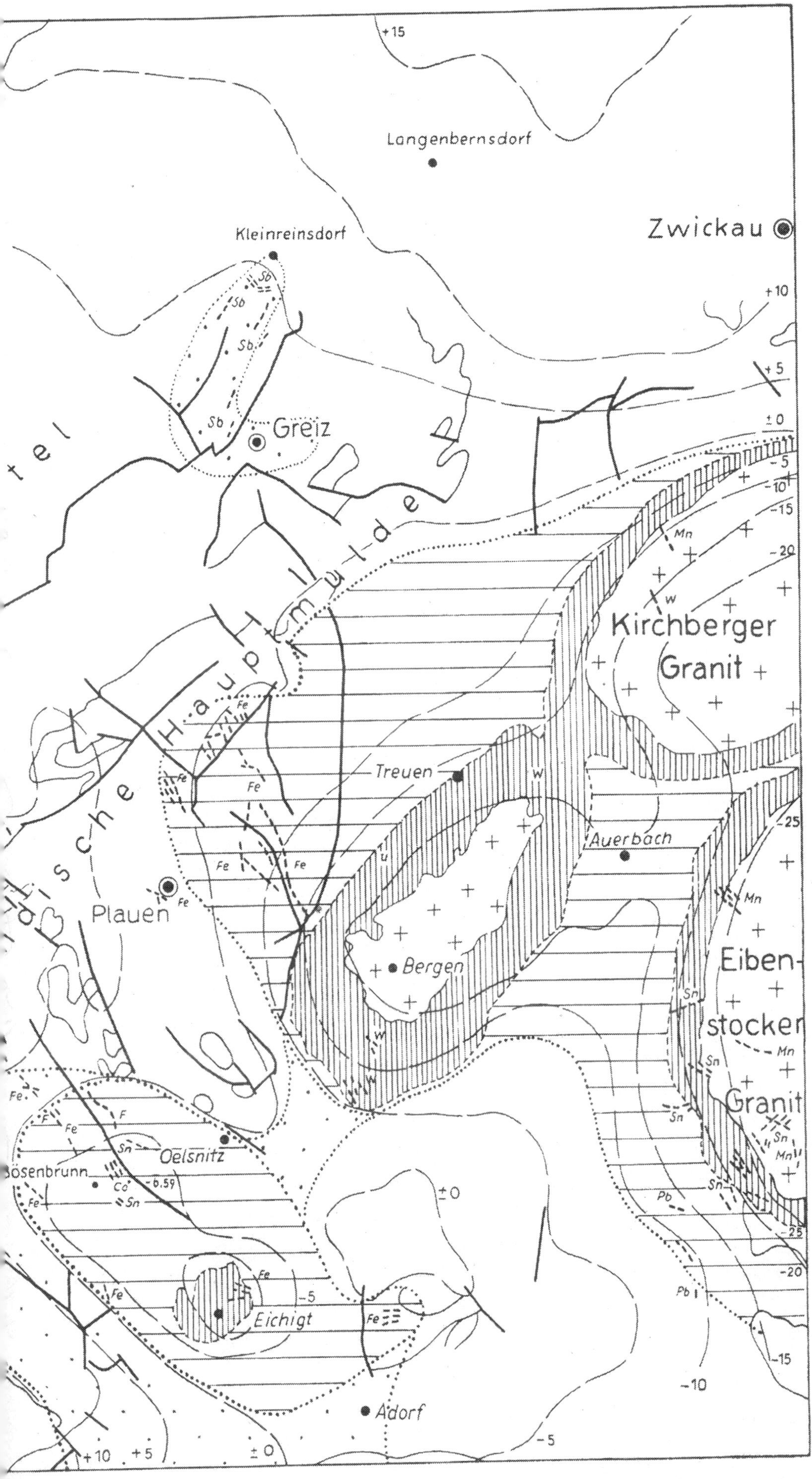

rstig (1956), 8 – südöstliche Begrenzung des Suhler Granits nach P. Bankwitz & Th. Kaemmel (1957), 9 – Linien
ßspat (F) und Schwerspat (Ba)

auf einer von dem Bergener Tief ausgehenden Minusachse und sitzt wahrscheinlich einer von dem Bergener Granit ausgehenden Granitzunge auf. Im Kontakthof dieses Granits finden sich die Uranerze führenden Gangtrümer von Zobes und die Wolframitgängchen von Eich, Tirpersdorf und Pillmannsgrün (s. Karte).

Die im Bereich der Südostflanke des Schwarzburger Sattels auftretenden katathermalen Goldquarzgänge und Eisenerzgänge lassen sich im Zusammenhang mit Minusachsen sehen, die im Falle Reichmannsdorf und Schmiedefeld von Teiltiefs in der Minuszone Bad Blankenburg—Gräfenthal ausgehen. Klarer erscheinen die Beziehungen bei den Goldquarzgängen von Steinheid, die über dem Minimum von Steinheid (— 8,3 mgal) liegen, das wahrscheinlich durch eine von dem vermuteten Schalkauer Granit ausgehende Granitzunge bedingt ist.

Aus der Darstellung der wahrscheinlichen Verbreitung verdeckter Granitlakkolithe ergibt sich, daß offenbar das alte Massiv des Schwarzburger Sattels nicht nur auf den beiden von Querstörungen begrenzten Schmalseiten, sondern auch im nordwestlichen Grenzgebiet zum Rotliegenden des Thüringer Waldes in der Tiefe von jungvariskischen Graniten umgeben ist. Es bedarf noch eingehender Untersuchungen, in welcher Beziehung die ausgedehnten rotliegenden Porphyrintrusionen und -extrusionen zu den wahrscheinlich in der Tiefe verbreiteten jungvariskischen Graniten stehen. Zweifellos werden sich bei diesen Forschungsarbeiten auch die Mineralisationsvorgänge befriedigend mit erklären lassen.

Es besteht der Verdacht, daß auch die offensichtlich mit den Porphyrergüssen zusammenhängenden Mineralisationen mit Mn in den Revieren von Öhrenstock und Elgersburg sowie mit Flußspat und Schwerspat bei Ilmenau und bei Gethles im Kleinen Thüringer Wald auf Restlösungen aus den unterlagernden jungvariskischen, an leicht flüchtigen Bestandteilen reichen Graniten zurückzuführen sind.

Für die kontaktmetamorph veränderte Eisenerzlagerstätte der Schwarzen Crux bei Schmiedefeld am Rennsteig ergibt sich wahrscheinlich eine doppelte Kontaktmetamorphose sowohl durch den älteren „Suhler Granit" als auch durch den jungvariskischen Schleusetalgranit. Vermutlich wurden die damit verbundenen Roteisenerzgänge bei der jüngsten Metamorphose mit gebildet. Die im Bereich des „Suhler Granits" auftretenden Roteisenerzgänge werden im allgemeinen mit diesem in Verbindung gebracht, es besteht aber durchaus die Möglichkeit, daß auch hier die Mineralisation aus dem unterlagernden jungvariskischen Granit herzuleiten ist.

Aus den kurzen Ausführungen läßt sich erkennen, daß die Tatsache der Anreicherung leichtflüchtiger Bestandteile in den jungen variskischen Graniten dazu führt, daß diese infolge ihrer von den älteren variskischen Graniten unterschiedlichen geringeren Dichte im Schwerebild durch negative Anomalien auffallen. Da diese jungen, an leichtflüchtigen Bestandteilen reichen Granite auch als Herkunftsgebiete mineralisierender Lösungen von metallogenetischer Bedeutung sind, lassen sich in den Bereichen, in denen man sich eine einigermaßen zutreffende Vorstellung über den geologischen Aufbau und die tektonischen Verhältnisse der obersten 1—2 km der Erdkruste machen kann, aus den Ergebnissen der Gravimetermessungen mit aller Vorsicht auch für größere Tiefenbereiche lagerstättenkundliche Folgerungen ableiten.

Ganz offensichtlich sind im Bereich der bis — 50 mgal reichenden großen Erzgebirgsanomalie gewaltige Massen an leichtflüchtigen Bestandteilen reicher Granite vorhanden, die bei entsprechender Differentiation auch riesige Mengen mineralisierender Lösungen abgeben konnten. Auch die im Thüringer Schiefergebirge vorkommenden Herde leichter Granite waren potentielle Erzbringer, jedoch weisen die geringeren gravimetrischen Anomalien bei entsprechender Veranschlagung der an der Oberfläche bekannten Gesteinsdichten darauf hin, daß nur ganz wesentlich geringere Gesteinsmassen für Differentiationsprozesse verfügbar waren und dementsprechend auch nur erheblich geringere Mengen mineralisierender Lösungen entstehen konnten. Damit sind einmal der Reichtum des Erzgebirges an postmagmatischen Lagerstätten sowie die darin enthaltenen bedeutenden Metallmengen befriedigend erklärt, andererseits wird auch die Frage zu beantworten versucht, warum im Raum des Thüringer Schiefergebirges nur relativ unbedeutende Lagerstätten mit geringen Metallkonzentrationen aufgefunden werden konnten.

Vermutlich sind die geschilderten Verhältnisse eine Auswirkung der verschiedenen Faltungsintensität des variskischen Gebirges. Im Bereich des Erzgebirges kam es zu einer umfassenden palingenen Granitisation mit intrusiven Vorgängen im oberen Krustenteil, während in den nordwestlich anschließenden Faltenzonen, zu denen auch das Thüringer Schiefergebirge gehört, nur mehr oder weniger geringmächtige palingene Aufschmelzungen der Sialzone über der Simazone angenommen werden können, aus denen granitische Magmen auf tiefreichenden Spaltenzonen aufsteigen und sich in tektonisch besonders vorbereiteten oberflächennahen Zonen lakkolithartig ausbreiten konnten.

Damit eröffnet die Deutung gravimetrischer Meßergebnisse einen Weg, der in Kombination mit anderen Beobachtungen zu Schlußfolgerungen über das Auftreten junger erzbringender Granite führt und letztlich metallogenetische Beziehungen erkennen läßt.

Zusammenfassung

Ausgehend von neuen geologischen Ergebnissen über Chemismus, Tiefenlage und postmagmatische Mineralisation der in der sog. Granitlinie aufgestiegenen granitischen Gesteine werden die Ergebnisse neuer regionaler Gravimetermessungen für den Raum des Thüringer Schiefergebirges bis zum Vogtland auf ihre Aussagekraft für die Verbreitung junger Granite von geringer Dichte untersucht. Es ergibt sich, daß diese jungen, an leichtflüchtigen Bestandteilen reichen Granite im Schwerebild ihrer Dichte, Mächtigkeit und Tiefenlage entsprechende gravimetrische Minima bedingen. Dementsprechend lassen sich bei genügender Kenntnis des Aufbaus des oberen Teils der Erdkruste in großen Zügen Vorstellungen über die Verbreitung der als Erzbringer bedeutungsvollen jungen variskischen Granite entwickeln und die Stellung bekannter postmagmatischer Lagerstätten zu diesen erkennen. Damit führt die Deutung gravimetrischer Anomalien in Kombination mit anderen Beobachtungen zur Klärung metallogenetischer Beziehungen.

Резюме

На основе новых геологических данных о химизме, глубинности и постмагматической минерализации поднявшихся по так наз. гранитной линии гранитных пород исследуются результаты новых региональных гравиметрических съемок в районе Тюрингенских Сланцевых Гор до Фогтланда в отношении надежности прогноза распространения молодых гранитов небольшой плотности. Получается, что эти молодые граниты, богатые летучими компонентами, в зависимости от их плотности, мощности и глубинности, на гравиметрической карте обусловливают соответствующие гравиметрические минимумы. При достаточном знании строения верхней части земной коры можно поэтому в общих чертах развивать представления о размещении молодых варисцийских гранитов, имеющих значение в качестве поставщиков руды и узнать соотношения известных постмагматических месторождений с этими гранитами. В связи с этим интерпретация гравиметрических аномалий в увязке с другими наблюдениями приводит к выяснению металлогенических соотношений.

Summary

Proceeding from new geological results of the chemism, depth position and postmagmatic mineralization of granitic rocks ascended in the so-called granite line, results of new regional gravimetric measurements carried out in the area of the Thuringian slate-mountains as far as the Vogtland are investigated for their validity with reference to the distribution of young low-density granites. It is shown that these young granites rich in highly volatile constituents involve adequate gravimetric minima in the gravitational record of their density, thickness and depth position. Consequently, provided the structure of the upper part of the earth's crust is sufficiently known, general ideas of the distribution of young Hercynian granites, which are significant as ore-bringers, can be outlined, and the attitude of known postmagmatic deposits adopted in relation to them can be recognized. Thus the interpretation of gravimetric anomalies combined with other observations helps to clarify metallogenetic relations.

Literatur

BANKWITZ, P. & T. KAEMMEL: Das thüringer Hauptgranitmassiv (Ilmtal-Suhler Granit) und sein südöstlicher Rahmen. – Abh. z. Geotektonik, H. 12, Akad.-Verl., Berlin 1957.

CONRAD, W.: Abschlußbericht über Gravimetermessungen in dem Gebiet Pottiga. – VEB Geophysik, Leipzig 1959 (unveröff.).

ENGELS, B.: Über Faltung und Scherung im Bereich des „Frankenwälder Quersattels". – Z. D. G. G., 104, 62–68, Hannover 1952.

FREYBERG, B. v.: Erz- und Minerallagerstätten des Thüringer Waldes. – Berlin 1923.

GROSSE, S., M. KOPF & K. SONNTAG: Abschlußbericht über Gravimetermessungen im Gebiet Westerzgebirge. – VEB Geophysik, Leipzig 1958 (unveröff.).

– Ergebnisse der Gravimetermessungen im Westerzgebirge. – Freiberger Forsch.-H. C 110, 1961.

GROSSE, S., C. OELSNER & H. BREMER: Über die gravimetrische Vermessung des Vogtlandes und des Erzgebirges. – Z. angew. Geol., **7**, 7, 357–362, Berlin 1961.

HERTWIG, G.: Abschlußbericht über Gravimetermessungen im Gebiet Vogtland. – VEB Geophysik, Leipzig 1955 (unveröff.).

HORSTIG, G. v.: Die Frankenwälder Querzone zwischen Silbitz und Saale nordwestlich Hof. – Z. D. G. G., **108**, 1. Teil, 37–42 (1956).

JAEGER, W.: Der Gebirgsbau des sächsischen Vogtlandes und dessen Erzlagerstätten. – Adorf 1924.

KOPF, M.: Dichtebezirkskarte des Meßgebietes Schwarzburger Sattel für die Auswertung gravimetrischer Untersuchungen, 1:100000. – VEB Geophysik, Leipzig 1960.

KOPF, M., S. GROSSE & K. SONNTAG: Dichtebestimmungen an Gesteinen des Westerzgebirges. – Freiberger Forsch.-H., C 110, 1961.

LORENZ, W.: Die Schwereanomalie von Auma. – Freiberger Forsch.-H. C 39, Berlin 1957.

LÜBKE, H.: Ergebnisbericht über die Bohrungen Sparnberg 10–15. – VEB Geol. Erkundung West, 1962 (in Vorbereitung).

MEINEL, G.: Vorläufiger Ergebnisbericht Bohrung Sparnberg 1 (Granitlinie). – Geol. Dienst Jena, 1958.

– Dünnschliffuntersuchungen einer Gesteinsprobe bei Hirzbach. – Bericht Nr. 115/59 des Mineralog. Lab. Geol. Dienst Jena, 1959 (unveröff.).

– Projektstudie zur Erkundung von Buntmetallvorkommen im Bereich der Thür. Granitlinie. – Geol. Dienst Jena, 1959 (unveröff.).

– Zwischenbericht über die geologischen Ergebnisse der Bohrungen Sparnberg 2–9. – Geol. Dienst Jena, 1960 (unveröff.).

– Bericht über die geologischen Ergebnisse der Bohrung Weitisberga 1/59. – Geol. Dienst Jena, 1960 (unveröff.).

– Dünnschliffuntersuchungen von Gesteinsproben aus dem Kontaktbereich des Dioritvorkommens NW-Döhlen, Meßtischblatt Leutenberg Nr. 5434. – Geol. Dienst Jena, Mineral. Ber. 36/61, 1961 (unveröff.).

– Lagerstättenkundliche Ergebnisse und Methodik der Erkundung von Erzvorkommen des spätvaristischen Magmatismus im Ostthür. Schiefergebirge. – Ber. geol. Ges. DDR 1961, **7**, H. 2. 206–217.

OELSNER, C.: Abschlußbericht über Gravimetermessungen im Gebiet Bobenneukirchen/Bad Elster. – VEB Geophysik, Leipzig 1959 (unveröff.).

OELSNER, O.: Die pegmatitisch-pneumatolytischen Lagerstätten des Erzgebirges mit Ausnahme der Kontaktlagerstätten. – Freiberger Forsch.-H. C 4, H. 9, 1–80 (1952).

– Die Abhängigkeit der Paragenese erzgebirgischer Lagerstättenbezirke vom Intrusionsalter der zugehörigen Granite. – Freiberger Forsch.-H. C 3, 8, 24–34 (1952).

– Die erzgebirgischen Granite, ihre Vererzung und die Stellung der Bi-Co-Ni-Formation innerhalb dieser Vererzung. – Geologie, **7**, 3–6, 682–701, Berlin 1958.

PIETZSCH, K.: Geologie von Sachsen. – VEB Deutsch. Verl. Wiss., Berlin 1962.

POLLAK, A.: Beiträge zu einer Deutung der Metallogenese in Thüringen. – Archiv f. Lagerstättenforsch., 78, Berlin 1948.

PUFFE, E.: Die Minerallagerstätten des südwestlichen Vogtlandes. Ein Beitrag zur Kenntnis von Übergangslagerstätten. – N. Jb. f. Min., Abt. A, Beil.-Bd. 74, 3, 333–448 (1938).

REH, H.: Untersuchungen auf der Thür. Granitlinie (Henneberg). – Akten des Geol. Dienst Jena, 1958 (unveröff.).

SCHOESSLER, K.: Abschlußbericht über Gravimetermessungen im Gebiet Henneberg. – VEB Geophysik, Leipzig 1961 (unveröff.).

– Abschlußbericht über Gravimetermessungen in Südwestthüringen. – VEB Geophysik, Leipzig 1962 (in Vorbereitung).

SCHROEDER, E.: Geologie des Granites am Henneberg in Ostthüringen. – Dipl.-Arbeit Humboldt-Universität Berlin 1953; Referat in Geologie, **4**, 2, 193–194, Berlin 1955.

SCHUMACHER, F.: Die erzgebirgische Metallprovinz und ihre Genesis. – Metall und Erz, **30**, 9, 161–166 (1933).

SCHÜTZEL, H. & G. HÖSEL: Eine neue Mineralquelle im südwestlichen Vogtland und Bemerkungen zum Granitmassiv von Eichigt-Schönbrunn. – Z. angew. Geol., 8, 404–408 (1962).

SCHWAN, W.: Die Frankenwälder Querzone. – Habilschrift Humboldt-Universität, Berlin 1954.

– Die Frankenwälder Querzone. – Autorreferat in Geologie, **4**, 2, 195–197, Berlin 1955.

– Die Frankenwälder Querzone. Abh. zur Geotektonik, 9, Akad.-Verl., Berlin 1956.

STEINBACH, W. & K. WUCHER: Zwischenbericht über Kartierungsarbeiten am Henneberg. – VEB Geol. Erkundung West, BA Jena 1961 (unveröff.).

VOIGT, H.: Petrographische Untersuchungen des Henneberg-Granites. – Dipl.-Arbeit der Friedrich-Schiller-Universität, Jena 1959 (unveröff.)

WATZNAUER, A.: Die erzgebirgischen Granitintrusionen. – Geologie, **3**, 688–706, Berlin 1954.

– Beiträge zur Kenntnis der varistischen Plutonogenese. – Abh. Deutsch. Akad. Wiss., Kl. 3, 1, 62–76, Berlin 1960.

Berechnung von Erdöl- und Erdgasvorräten in karbonatischen, klüftigen Speichergesteinen[1]

N. A. PLOTNIKOW, z. Z. Gommern, & D. DREYER, Gommern

In den letzten Jahren sind immer häufiger Erdöl- und Erdgaslagerstätten in karbonatischen Speichergesteinen bekannt geworden, deren Speicherfähigkeit hauptsächlich durch Klüfte und Risse bedingt ist. Der richtige Abbau solcher Lagerstätten hängt weitgehend von einer realen Einschätzung der enthaltenen Vorräte ab. Eine Vorratsberechnung erfolgt gewöhnlich nach den gleichen Methoden wie für granulare Speicher, wodurch allerdings gewisse Ungenauigkeiten bedingt sind.

Bei Anwendung der Materialbilanzmethode oder der statistischen Methode spielt der Charakter des Speichers keine Rolle. Bei der Volumenmethode treten jedoch bei Speichern in karbonatischen klüftigen Gesteinen in der Bestimmung einiger wichtiger Parameter gewisse Schwierigkeiten und charakteristische Besonderheiten auf. Im folgenden sollen einige Besonderheiten bei der Ermittlung einzelner Parameter der Lagerstätte für die Berechnung von Erdöl- und Erdgasvorräten in klüftigen Speichern dargelegt werden. Dabei soll von der Formel für die Volumenmethode zur Berechnung von Erdöl- und Erdgasvorräten in granularen Speichern ausgegangen und anschließend am Beispiel der Ermittlung jedes einzelnen der für die Formel erforderlichen Parameter die Schwierigkeiten und Besonderheiten aufgezeigt werden, die bei der Berechnung von Erdöl- und Erdgasvorräten in Kluftspeichern auftreten.

Die Formel der Volumenmethode lautet:

$$Q = F\, h\, m\, b\, \beta\, \alpha\, \gamma$$

[1]) Eingang des Manuskripts in der Redaktion: 30. 5. 1962

Dabei ist:

F = erdölführende Fläche in m^2
h = effektive Mächtigkeit in m
m = Porositätskoeffizient (in diesem Falle Klüftigkeitskoeffizient)
b = Umrechnungsfaktor (reziproke Größe des Volumenfaktors)
β = Sättigungskoeffizient
α = Abgabekoeffizient
γ = spez. Gewicht des Erdöls in t/m^3
Q = ausbringbare Erdölvorräte in t

Die Ermittlung der erdölführenden Fläche (F)

Die Feststellung der erdölführenden Flächen klüftiger Speicher unterscheidet sich in nichts von der Ermittlung der erdölführenden Fläche für poröse Speichergesteine. Sie wird innerhalb der festgestellten Grenzen der Erdölführung, d. h. für die Fläche ermittelt, die von der erkundeten Randlinie der Erdölführung begrenzt wird. Als erkundet gilt eine Kontur, wenn ihre Lage durch Erkundungsbohrungen, die in bestimmten Abständen voneinander stehen, ermittelt wurde.

Es gibt verschiedene Methoden für die Flächenermittlung, die einfachste, genaueste und am weitesten verbreitete ist das Ausplanimetrieren der gesamten Fläche.

Die Ermittlung der effektiven Mächtigkeit der erdölgesättigten Schicht (h)

Die Ermittlung der effektiven Mächtigkeit erdölgesättigter Kluftspeicher ist zur Zeit noch eine äußerst schwierige Aufgabe. Wenn die Erdöl- und Erdgasspeicher von porösen permeablen Gesteinen gebildet werden, die gewöhnlich durch nichtpermeable Lagen getrennt sind, bietet die Ermittlung der effektiven Mächtigkeit keinerlei Schwierigkeiten. Wenn die Speicher jedoch klüftige Gesteine sind, taucht sofort die Frage auf, was als effektive Mächtigkeit bezeichnet werden soll. Es gibt hier zwei Möglichkeiten: 1. die Gesteine sind selbst keine Speicher, sondern erst durch starke Entwicklung von Klüften zu solchen geworden; 2. die Gesteine verfügten über eine primäre Porosität und waren öl- und gasgesättigt, die Klüftigkeit bedingte nur eine höhere Permeabilität.

Im ersten Falle bestimmen die Klüfte sowohl den Speicherraum als auch die Permeabilität des Speichers. In diesem Falle sind der Sättigungskoeffizient und der Gewinnungskoeffizient verhältnismäßig hoch.

Im zweiten Falle ist der Hauptspeicherraum durch die primäre Porosität gegeben, wobei die Klüfte hauptsächlich die Permeabilität erhöhen. In diesem Falle sind der Erdölsättigungskoeffizient und besonders der Abgabekoeffizient bedeutend geringer. Also sinkt die Förderung nach Gewinnung des Erdöls aus den Klüften und den unmittelbar mit ihnen verbundenen Poren (eventuell Kavernen) stark ab, da sich das Erdöl nur bei bedeutendem Druckgefälle aus dem porösen, schwach permeablen Speicher bewegen kann. Bei starkem Druckgefälle und Fehlen aktiver Lagerstättenwässer geht das im Erdöl gelöste Gas jedoch in die gasförmige Phase über und zieht das Erdöl beim Übergang von den Poren in die Klüfte nach. Da seine Phasenpermeabilität größer ist, wird es in sehr viel größerer Menge entweichen als das Erdöl, d. h., es kommt zur Entgasung der Lagerstätte und zur unrationellen Ausnutzung der Lagerstättenenergie.

Sind in der Schicht aktive Randwässer vorhanden, d. h., wird das bei der Erdölgewinnung aus Klüften und den mit ihnen verbundenen Poren frei werdende Volumen von Wasser eingenommen, ist die Schaffung eines bedeutenden Druckgefälles sehr schwierig. In diesem Falle wird das Erdöl mit dem in ihm gelösten Gas durch den bestehenden geringen Druckabfall und den Unterschied in der physikalisch-chemischen Charakteristik von Erdöl, Wasser und Gestein aus dem Gestein gedrückt (Unterschied in spez. Gewicht, Benetzbarkeit, Kapillarkräften u. a. m.). Daraus folgt, daß für den Speicher des ersten Typs, den Kluftspeicher, als effektive Mächtigkeit der Bereich angenommen werden muß, in dem Klüfte verbreitet sind, obgleich die Klüftigkeit äußerst ungleichmäßig verteilt ist und von der Lithologie des Gesteins und der strukturellen Lage des Speichers abhängt. Hierbei muß betont werden, daß die Ermittlung der effektiven Mächtigkeit in Kluftspeichern in der Weltpraxis noch nicht genügend geklärt ist.

Vor kurzem wurde für klüftige Karbonatspeicher eines Gebietes der Sowjetunion eine Methodik zur Ermittlung der effektiven Mächtigkeit und des Klufthohlraumes anhand geophysikalischer Messungen entwickelt. Jedoch ist das keine Universalmethode.

Die Bestimmung der effektiven Mächtigkeit für den zweiten Speichertyp ist nicht weniger schwierig. Hier wird die effektive Mächtigkeit getrennt für den porösen und den klüftigen Speicher ermittelt. Die Erdölvorräte müssen in diesem Falle getrennt berechnet und dann summiert werden. Das ist besonders wichtig, wenn die effektive Porosität gering ist.

Aus der Praxis der wichtigsten Erdölländer der Welt ist bekannt, daß das Kluftvolumen im Verhältnis zum effektiven Porenvolumen bedeutende Werte erreichen kann (KOTJAKOW).

Die Ermittlung der Klüftigkeit des Gesteins

Auf Methoden zur Ermittlung der Klüftigkeit des Gesteins in Erdöllagerstätten gibt es in der Literatur verhältnismäßig wenig Hinweise.

In der Sowjetunion werden die Speichereigenschaften von klüftigem Gestein augenblicklich mit großer Aufmerksamkeit untersucht. Diese Untersuchungen laufen hauptsächlich in vier Richtungen.

Betrachten wir kurz jede dieser Richtungen in der Untersuchung der Klüftigkeit.

1. Untersuchung der Makro- und Mikroklüftigkeit anhand von Kernen und Feldbeobachtungen

Es ist bekannt, daß eine Klüftigkeit in der Regel in mehr oder weniger harten Gesteinsarten in den Topbereichen von Falten und Strukturformen aller Art auftritt und dadurch günstige Voraussetzungen für die Akkumulation von Erdöl bietet.

Aus Bereichen solcher Kluftzonen ist der Kerngewinn meistens gering. Bestenfalls werden einige gerundete Gesteinsstückchen gewonnen. Aus diesem Grunde ist die Untersuchung der Makroklüftigkeit am Kernmaterial nicht möglich.

Folglich gelten die an Dünnschliffen und Anschliffen mikroskopisch gemessenen Werte für das Kluftvolumen nur für das Volumen der Mikroklüfte, d. h., sie sind niedriger als in Wirklichkeit. Durch Kernuntersuchungen an Schliffen und Anschliffen für eine Reihe von Vorkommen der Sowjetunion und der DDR wurde festgestellt, daß der Kluftkoeffizient (oder die Kluftporosität) nicht größer ist als 1% (meistens 0,06—0,1%) (Arbeiten von GMID u. a.).

Auch die Untersuchung der Klüftigkeit an Aufschlüssen weist eine Reihe von negativen Seiten auf. Erstens liegen die zu untersuchenden Gesteine längere Zeit an der Erdoberfläche und sind der Erosion ausgesetzt. Folglich werden die in diesem Falle ermittelten Werte für das Volumen des klüftigen Speichers nicht dem Kluftvolumen dieser Gesteine in der Tiefe entsprechen. Zweitens liegen die Gesteine in der Tiefe unter hohem Druck. Folglich ist die Öffnung der Klüfte eine andere. Drittens existieren Unterschiede in den Entstehungsbedingungen der Gesteine, die jetzt an der Oberfläche liegen, und denen in der Tiefe und anderes mehr.

Also gestattet weder die eine noch die andere Methode eine quantitative Charakterisierung der Gesteinsklüftigkeit. Gleichzeitig ist die Untersuchung der Gesetzmäßigkeiten bei der Verteilung der Klüfte in Abhängigkeit von der Lithologie des Gesteins, den Entstehungsbedingungen, der strukturellen Lage, d. h. vom Charakter der tektonischen Bedingungen usw., von großer praktischer Bedeutung, da die Ergebnisse dieser Untersuchungen die Grundlage der geophysikalischen und hydrodynamischen Untersuchungen zur Klärung der Speichereigenschaften von klüftigem Gestein bilden (NETSCHAI 1960, KOTJAKOW u. a.).

2. Studium der Unterlagen über die Förderung aus bereits abgebauten Lagerstätten

Im Hinblick auf die Schwierigkeiten bei der ersten Etappe der Ermittlung des Volumens klüftiger Speicher kann deren Volumen für Vorkommen berechnet werden, deren Abbau zu Ende geht oder schon beendet ist. Anhand der aus einer Kluftlagerstätte gewonnenen Erdölmenge kann das Volumen dieses Speichers annähernd bestimmt werden. Diese Angaben können für die überschlagsmäßige Einschätzung analoger Erdöllagerstätten benutzt werden. Zur Ermittlung des Gesamtvolumens dieser Speicher müssen folgende Unterlagen vorhanden sein:

1. Gesamtvolumen des erdölführenden Gesteins innerhalb der erdölführenden, oberhalb der Randwasserlinie gelegenen Fläche in m^3.
2. Menge des von Beginn des Abbaus an geförderten und des noch zu fördernden Erdöls in m^3.
3. Volumen von 1 m^3 Erdöl unter Lagerstättenbedingungen unter Berücksichtigung des in ihm gelösten Gases.

Nach Berechnung des Volumens, welches das gesamte geförderte und noch zu fördernde Erdöl unter Lagerstättenbedingungen einnimmt, teilen wir es durch das Gesamtvolumen des erdölführenden Gesteins und stellen fest, welches Volumen das geförderte Erdöl im Durchschnitt in 1 m^3 des erdölführenden Gesteins eingenommen hat.

Betrachten wir diese Methode am Beispiel des in Thüringen gelegenen Erdölvorkommens Volkenroda.

Das Vorkommen Volkenroda wurde im Jahre 1930 nachgewiesen. Die Geschichte der Entdeckung dieses Vorkommens, sein geologischer Bau und die Ergebnisse des Abbaus sind in mehreren Arbeiten eingehend beschrieben (F. DEUBEL 1953, K. SCHWARZER 1959 u. a.). Deswegen hat es keinen Sinn, diese Fragen ausführlich darzustellen. Es ist nur zu sagen, daß der produktive Horizont, der Hauptdolomit, durch geschichtete oder plattige, helle bis schwarze Dolomite vertreten ist. Er wird von zahlreichen, hauptsächlich steil einfallenden Klüften durchzogen. DEUBEL stellte zwei Kluftsysteme mit herzynischem und mit rheinischem Streichen fest. Er bemerkte, daß die herzynisch oder fast herzynisch (NW—SE) streichenden Klüfte geschlossen sind. In ihnen wurden keine Erdölanzeichen festgestellt. Die rheinisch streichenden Klüfte sind seiner Meinung nach Zerrklüfte, auf denen häufig Erdöl anzutreffen ist. Leider ist die Porosität des Hauptdolomits auf dem Vorkommen Volkenroda nicht bekannt. Analog zu dem benachbarten Vorkommen Kirchheilingen kann angenommen werden, daß die Porosität nicht mehr als 2—3% beträgt und für die meisten Bohrungen im Durchschnitt weniger als 1% ausmacht. Anhand der Testergebnisse (SCHWARZER) wurde die Randwasserlinie ermittelt, nach der die Lagerstätte Volkenroda auf der Strukturkarte für die Oberkante Hauptdolomit aus vier einzelnen „Flächen" besteht, die an den verhältnismäßig flachen Rändern der kleinen Keulaer Mulde liegen. Diese Flächen sind wahrscheinlich an die Zonen erhöhter Klüftigkeit gebunden (worauf bereits KARPE 1959 in seiner Arbeit hinwies). Die außerhalb der erdölführenden Fläche niedergebrachten Bohrungen waren zum größten Teil trocken.

All das spricht dafür, daß der Dolomit auf dem Vorkommen Volkenroda ein typischer Kluftspeicher ist. Das beweisen auch die Kenntnisse über seine Charakteristik als Förderhorizont.

Auf Grund von Untersuchungen wurde festgestellt, daß aus 1 m^3 Gestein 3,5 l Erdöl gefördert wurden (unter Lagerstättenbedingungen). Dieser Wert gibt jedoch noch nicht das vollständige effektive Volumen des Kluftspeichers an, da er nur den Teil charakterisiert, der mit Erdöl angefüllt war, das im Laufe der Förderung gewonnen wurde. Das vollständige Volumen (der Kluftkoeffizient) kann annähernd bestimmt werden, wenn man vom Sättigungs- und Gewinnungskoeffizienten ausgeht. Eine Methodik für die Bestimmung dieser Koeffizienten für Kluftspeicher besteht noch nicht, deswegen gehen wir bei ihrer Auswahl von der allgemein bekannten Tatsache aus, daß sie höher sein müssen als für poröse Speicher. Auf Grund dessen wird ein Sättigungskoeffizient von 0,9 angenommen. Da der Gewinnungskoeffizient nicht nur von den Speichereigenschaften des Gesteins, sondern auch vom Lagerstättenregime abhängt, nehmen wir an, daß er zwischen 0,4, dem maximalen Wert für Gasentlösungstrieb in porösen Speichern, und 0,8, dem maximalen Wert für Wassertrieb, schwankt.

Demzufolge schwankt das effektive Gesamtvolumen des Kluftspeichers zwischen 0,5 und 1%.

Die letzte Ziffer stellt das höchstmögliche effektive Volumen für den Kluftspeicher auf dem Vorkommen Volkenroda dar, da in Kluftspeichern, in denen der Bewegungswiderstand des Erdöls gering ist, der Gewinnungskoeffizient bei recht dichtem Abbaunetz (auf dem Feld Volkenroda wurden über 240 Bohrungen auf ungefähr 2 km^2 niedergebracht) verhältnismäßig hoch sein muß und natürlich 0,4 übersteigt.

Die für Volkenroda ermittelten Werte für den Kluftkoeffizienten entsprechen den Werten, die analog dazu für einige Erdölvorkommen in der Sowjetunion ermittelt wurden (Akademiemitglied TROFIMUK u. a.). Die erzielten Ergebnisse bezeugen, daß das effektive Volumen von Kluftspeichern oft viel kleiner ist als das effektive Volumen normal poröser Erdölspeicher (poröse Sandsteine und Karbonate). Dieser Umstand muß unbedingt bei der Einschätzung des effektiven

Volumens eines Kluftspeichers anderer Lagerstätten mit ähnlichen Lagerungsbedingungen des Erdöls berücksichtigt werden.

3. Untersuchung mit Hilfe der Bohrlochmeßkurven

Die Aussonderung von Speichern und die Untersuchung ihrer Erdöl- und Erdgasführung erfolgt heute unter breitester Anwendung geophysikalischer Meßmethoden. Die Analyse dieser Methoden bei geringer und unvollständiger Kernentnahme ist in den meisten Fällen das Wichtigste, manchmal auch das einzige Material, nach dem das Bohrprofil untergliedert, Speicher ausgesondert und ihre Erdöl- und Erdgasführung eingeschätzt werden können. Bei der Untersuchung von terrigenen Ablagerungen wird die Aufgabe der Aussonderung von Speichern und ihrer wirtschaftlichen Einschätzung durch Methoden der Bohrlochmessung im allgemeinen recht gut gelöst. So ist es in den meisten erdöl- und erdgasführenden Gebieten mit geophysikalischen Bohrlochmessungen möglich, nicht nur Erdöl- und Erdgasspeicher auszusondern und ihre Mächtigkeit zu bestimmen, sondern auch die Koeffizienten für ihre Porosität und Erdölsättigung zu ermitteln, d. h., letztlich alle für die Vorratsberechnung und Ausarbeitung eines vernünftigen Abbauprojektes erforderlichen Angaben zu erhalten.

Bei der Untersuchung karbonatischer Kluftspeicher wurde die Aufgabe der Aussonderung von Speicherzonen und ihrer wirtschaftlichen Einschätzung anhand der Bohrlochgeophysik bis in die letzte Zeit nur mit großer Mühe und oft mit einer sehr begrenzten Genauigkeit gelöst.

Die ungenügende Genauigkeit bei der Einschätzung klüftiger Karbonatspeicher beruht auf einer ganzen Reihe von Gründen, wie z. B. starke Inhomogenität, sehr unterschiedlicher Charakter der Porosität, sehr tiefes Eindringen der Tonspülung u. a. m.

Trotz der vorhandenen Schwierigkeiten wurden in verschiedenen Erdölgebieten der Sowjetunion Methoden zur wirtschaftlichen Einschätzung der karbonatischen Kluftspeicher speziell für die konkreten Bedingungen in diesen Gebieten erarbeitet. Diese Methoden sind noch nicht ganz vollkommen, aber sie erleichtern die wirtschaftliche Einschätzung von Lagerstätten in diesen Speichern sehr. Eine dieser Methoden zur wirtschaftlichen Einschätzung klüftiger Speicher anhand von Bohrlochmessungen ist die von A. M. NETSCHAI (Grosnier Laboratorium des Wissenschaftlichen Unionsforschungsinstituts für Geophysik) erarbeitete Methode. Sie ist in verschiedenen Publikationen dargelegt.

Die praktische Anwendung dieser Methode auf einem Vorkommen der Sowjetunion zeigte, daß der Kluftkoeffizient für klüftige karbonatische Speicher im Durchschnitt 0,55% beträgt, d. h. einen Wert, der dem auf Grund der Angaben über die Förderung in Volkenroda und anderen Feldern errechneten Kluftkoeffizienten nahekommt. Aus dem Dargelegten geht klar hervor, daß diese Richtung in der Untersuchung der Klüftigkeit am aussichtsreichsten ist.

4. Untersuchung anhand von Förderangaben

Wie schon oben gesagt, ergibt die quantitative Ermittlung des Kluftkoeffizienten am Kernmaterial, das während des Bohrprozesses im klüftigen Speicher gezogen wurde, verringerte Ergebnisse. Erstens deshalb, weil der Kerngewinn in der Regel nicht mehr als 50% der Bohrstrecke ausmacht, und zweitens, weil der Kern beim Bohren an den Klüften, die von praktischer Bedeutung sind, zerfällt.

Durch die Untersuchung von Kluftspeichern in Aufschlüssen ist es möglich, ihren Charakter und ihre Verbreitungsrichtung festzustellen, was für den Abbau von Kluftlagerstätten sehr wichtig ist. Diese Methode hat jedoch rein qualitativen Charakter und ist für die quantitative Einschätzung des Klufthohlraumes im erdöl- und erdgasführenden Gestein, das in großer Teufe liegt, nicht zu gebrauchen. Da die Gesteine in großer Teufe dem Gebirgsdruck, aber nicht den äußeren Einflüssen ausgesetzt sind wie die Gesteine in Aufschlüssen, werden sich die Größe und das Volumen der Klüfte in größerer Teufe von der Größe und dem Volumen der gleichen zutage ausstreichenden Gesteine unterscheiden. Folglich mußte eine Methode erarbeitet werden, mit der es möglich ist, die Größe und das Volumen von Klüften unter Lagerstättenbedingungen zu bestimmen. Im Jahre 1956 schlug F. I. KOTJAKOW eine Methode der annähernden Bestimmung des Kluftkoeffizienten auf Grund der hydrodynamischen Untersuchung von Bohrungen vor.

KOTJAKOW ging davon aus, daß eine Gesteinsscholle von einem Netz paralleler Klüfte durchzogen wird. Durch Errechnung der Filtrationsgeschwindigkeit nach den Formeln von BUSSINEK und DARCY für einen radialen Strom einer nichtkomprimierten Flüssigkeit bei stationärem Druckregime stellte er fest, daß der Kluftkoeffizient nach folgender Formel berechnet werden kann:

$$m = \frac{1}{577{,}9} \sqrt[3]{\frac{\eta\, c\, \mu\, s \lg \frac{R_k}{R_c}}{h}}$$

Dabei ist:

- m = Kluftkoeffizient, Bruchteile eines Ganzen
- η = Produktivitätskoeffizient der Sonden, bedingt durch die Klüftigkeit in $m^3/24$ h atü
- c = Volumenfaktor des Lagerstättenöls
- μ = absolute Viskosität des Erdöls unter Lagerstättenbedingungen, in cP
- R_k u. R_c = Radien des Einzugsgebietes und der Sonde in m
- h = Mächtigkeit der Schicht in m
- s = Koeffizient der spez. Kluftdichte, d. h. Verhältnis zwischen der Gesamtbreite (Ausdehnung) der Klüfte in cm und der Filtrationsfläche des Gesteins in cm^2

Die Größe s wird anhand des Photologs von Bohrungen ermittelt (KOTJAKOW).

Auf Grund der gleichen Methode kann die durch die Klüftigkeit bedingte Permeabilität ermittelt werden.

$$\alpha = \frac{\eta\, \mu\, c \cdot \lg \frac{R_k}{R_c}}{23{,}6\, h}$$

„m" wurde nach dieser Methode unter Ausnutzung des Photologs am Beispiel des Vorkommens von Rypne berechnet, in dem der Klüftigkeitskoeffizient in einer Bohrung 0,087 und in einer anderen 0,17% vom Volumen der Schicht ausmacht (KOTJAKOW). Aus den obenangeführten Daten ist zu sehen, daß die Werte für die Klüftigkeit etwas niedriger sind als die durch geophysikalische Messungen anhand von Förderangaben ermittelten.

Zusammenfassend kann gesagt werden, daß alle vier Verfahren der Ermittlung des Kluftkoeffizienten noch nicht vollkommen und genau genug sind. Das wird für drei der vier hier angeführten Methoden durch die Ermittlung von Kluftkoeffizienten auf einem Feld der Sowjetunion bestätigt.

Die Ergebnisse dieser Berechnungen sind in der Tabelle angeführt:

Methode:	durchschnittl. Kluftkoeffizient	Anzahl der untersuchten Kerne oder Bohrungen
an Schliffen		
Methode L. P. GMID	0,048	167 Proben aus 7 Bohrungen
nach Indikatorkurven		
Methode F. I. KOTJAKOW	0,157 [1])	nach 24 Bohrungen
nach Bohrlochmessungen		
Methode A. M. NETSCHAI	0,55 [2])	gesamtes Profil von 16 Bohrungen

[1]) In Prozenten vom Gesamtvolumen des erdölführenden Gesteins.
[2]) „s" wurde mit 1 angenommen, da eine Photomessung infolge des hohen Druckes nicht möglich war.

Die Tabelle zeigt, daß die geringsten Werte für den Kluftkoeffizienten bei der Untersuchung von Schliffen und die höchsten bei geophysikalischen Messungen erzielt wurden. Eine vorläufige Abbauanalyse, der Abbau des Feldes ist noch nicht beendet, läßt vermuten, daß die anhand von geophysikalischen Messungen ermittelten Werte für den Kluftkoeffizienten am wahrscheinlichsten sind. Leider ist es nicht möglich, den Kluftkoeffizienten (das Volumen des klüftigen Gesteins) nach der vierten Methode zu ermitteln, da der Abbau dieses Feldes noch nicht beendet ist. Wenn wir jedoch den mit geophysikalischen Methoden ermittelten und den auf Grund der Abbauanalyse (allerdings für Felder im Iran, der UdSSR und der DDR) errechneten Kluftkoeffizienten gegenüberstellen, sehen wir eine gute Übereinstimmung dieser Werte, was wieder für die Brauchbarkeit der geophysikalischen Methoden bei der Bestimmung des Kluftkoeffizienten spricht.

Zum Abschluß möchten wir noch einmal betonen, daß alle vier obenangeführten Methoden nur angenäherte Werte erbringen und noch ständig vervollkommnet werden. Am aussichtsreichsten erscheint uns die Methode, die sich auf einen Komplex geophysikalischer Messungen stützt.

Die Ermittlung des Sättigungskoeffizienten (β)

Die Ermittlung des Erdölsättigungskoeffizienten eines Kluftspeichers ist eine komplizierte und bisher noch nicht gelöste Aufgabe der Erdölgeologie. Man nimmt an, daß die Erdölsättigung auf Klüften sehr hoch sein muß und fast 1 beträgt. In der Praxis der Vorratsberechnung wird meistens eine Erdölsättigung von 0,9 angenommen.

Ermittlung des Abgabekoeffizienten (α)

Die Ermittlung des Abgabekoeffizienten ist eine nicht weniger schwierige Aufgabe. Irgendwelche Methoden gibt es nicht, genau wie für die Bestimmung des Sättigungskoeffizienten in klüftigen Speichern.

Gewöhnlich wird angenommen, daß der Erdölabgabekoeffizient für klüftige Speicher höher sein muß als für granulare, nichtklüftige Speicher. Jedoch hat das Lagerstättenregime unabhängig vom Speichertyp großen Einfluß auf die Erdölabgabe.

In der Praxis geht man bei der Auswahl des Abgabekoeffizienten für granulare Speicher meistens vom bestehenden Lagerstättenregime aus. Jedoch wurde noch keine quantitative Abhängigkeit zwischen dem Lagerstättenregime und dem Abgabekoeffizienten für klüftige Speicher festgestellt. Die übrigen erforderlichen Parameter werden unabhängig vom Speichertyp bestimmt und deswegen hier nicht behandelt.

Zum Problem der Berechnung von Gasvorräten in Kluftspeichern muß gesagt werden, daß die Besonderheiten der Berechnung die gleichen sind wie die, die bei Darlegung der Volumenmethode erwähnt wurden, d. h. Besonderheiten der Bestimmung des effektiven gasgesättigten Volumens. Deswegen ist es nicht zweckmäßig, die Berechnung von Gasvorräten nach der Volumenmethode hier eingehend zu erörtern. Die Berechnung von Gasvorräten nach der Druckabfallmethode kann für jede beliebige Lagerstätte unabhängig vom Speichertyp vorgenommen werden, wenn die erforderlichen Förderunterlagen vorliegen. Deswegen wollen wir hier auch die Druckabfallmethode nicht behandeln.

Es ist klar ersichtlich, daß die Methoden zur Ermittlung von Erdöl- und Erdgasvorräten in granularen Speichern nicht unbesehen auf klüftige Speicher übertragen werden dürfen. Hier müssen einige Parameter auf andere Weise ermittelt werden, wobei die Methoden noch nicht umfassend erarbeitet wurden. Folglich werden diese Parameter bisher noch recht ungenau bestimmt, was zu Unstimmigkeiten bei der Einschätzung der Erdöl- und Erdgasvorräte führt.

Da auf dem Gebiet der DDR einige Lagerstätten in karbonatischen Kluftspeichern (Ca2d) auftreten, ist die allseitige Untersuchung der Speichereigenschaften ein äußerst aktuelles Problem. Sie gestattet eine bessere Einschätzung der Erdöl- und Erdgasvorräte und die Ausarbeitung eines vernünftigen Abbauschemas für die schon nachgewiesenen Lagerstätten. Zum Abschluß möchte ich noch darauf hinweisen, daß unbedingt der gesamte Komplex an geologischen, bohrlochgeophysikalischen und fördertechnischen Untersuchungen ausgeführt werden muß, da nur auf Grund dieses gesamten Komplexes die Erdöl- und Erdgasvorräte richtig eingeschätzt und ein vernünftiges Abbausystem für klüftige Speicher ausgearbeitet werden kann.

Zusammenfassung

Verf. erörtern einige wichtige Probleme der Berechnung von Erdöl- und Erdgasvorräten in karbonatischen Kluftspeichern. Ausgehend von der Berechnungsformel der Volumenmethode, werden die Ermittlung der erdölführenden Fläche (F) bzw. der effektiven Mächtigkeit der erdölgesättigten Schicht (h) und die Feststellung der Makro- und Mikroklüftigkeit anhand von Kernen und Felduntersuchungen kurz geschildert.

Das Studium aller Unterlagen über die Förderung aus bereits abgebauten Lagerstätten dient der Ermittlung des Gesamtvolumens derartiger Speicher.

Die Aussonderung von Speichern und die Untersuchung der Erdöl- und Erdgasführung geschehen unter Anwendung geophysikalischer Meßmethoden (Auswertung der Bohrlochmeßkurven usw.).

Es werden kurz vier Verfahren der Ermittlung des Kluftkoeffizienten (m) geschildert und eine Formel zur Berechnung desselben gegeben.

Резюме

Авторы обсуждают некоторые важные проблемы подсчета запасов нефти и газа в карбонатных трещинных коллекторах. Исходя из расчетной формулы объемного метода, на материале кернов и полевых исследований вкратце излагаются выяснение нефтеносной площади (F), определение эффективной мощности нефтенасыщенного пласта (h) и установление макро- и микротрещиноватости.

Изучение всех материалов о добыче из уже разработанных месторождений служит для определения общего объема таких коллекторов.

Выделение коллекторов и исследование нефтегазоносности осуществляется использованием геофизических методов (интерпретация кривых каротажа скважин и т. д.).

Описываются четыре метода для определения коэффициента трещиноватости, дается формула для подсчета этой величины.

Summary

The autho discuss some important problems connected with the calculation of oil and gas reserves in carbonatic joint reservoirs. Proceeding from the formula of calculation of the volume method, a brief description is given by means of cores and field investigations of the determination of the oil-bearing area (F), and of the effective thickness of the oil-saturated stratum (h) respectively, as well as of macro- and microjointing.

The study of all output data from already exhausted pools serves to determine the general volume of such reservoirs.

Geophysical test methods (evaluation of curves of borehole surveys, etc.) are used to find out reservoirs and explorate oil and gas reservoirs.

Four methods for the determination of the jointing coefficient (m) are briefly reviewed and a formula for its calculation is given.

Literatur

DEUBEL, F.: Über das Vorkommen von Erdöl und Erdgas in Thüringen. — Unveröffentl. Gutachten, Jena 1949.
— Betrachtungen über das Auftreten von Erdöl und Erdgas im Zechstein des Thüringer Beckens. — Geologie, 3, 6/7, 804—831, Berlin 1954.
KARPE, W.: Ein Beitrag zur Kenntnis der Erdöllagerstätte Volkenroda. — Z. angew. Geol., 5, 10, 422—425, Berlin 1959.
NETSCHAI, A. M.: Die Einschätzung der Produktivität und die Speichereigenschaften karbonatischer Kluftspeicher. — Angew. Geophysik, H. 26, Gostoptechisdat, Moskau 1960.
PLOTNIKOW, N. A.: Über die Speichereigenschaften der Oberkreidekalke auf dem Vorkommen Karbulak-Atschaluk. — Neue Materialien über die Erdöl- und Erdgasführung des Kaukasus, GOSINTI, 1 (1961).
SCHWARZER, K.: Unterlagen über Erdöl- und Erdgasvorkommen im Bereich der Kaligruben Volkenroda und Pöthen. — Unveröffentlichte Unterlagen der STGK, Berlin 1959.
SHDANOW, M. A. u. a.: Methoden zur Berechnung von Erdöl- und Erdgasvorräten. — Gostoptechisdat, Moskau 1952.
TROFIMUK, A. A.: Über die Frage der Einschätzung des Speicherhohlraums klüftiger Erdölspeicher. — Neftjanoje Chosjaistwo, H. 7, Moskau 1955.

Kann der Untersuchungsgrad einer Lagerstätte exakt gemessen werden?[1]

FRIEDRICH STAMMBERGER, Berlin

1. Vorbemerkung

Die Aufgabe der geologischen Untersuchung einer Lagerstätte ist, mit einem Minimum an Aufwand jene Unterlagen und Daten zu erhalten, die zur industriellen Einschätzung und ökonomischen Bewertung, d. h. zur Bestimmung der volkswirtschaftlichen Bedeutung der Lagerstätte, sowie zur Realisierung der gezogenen Schlußfolgerungen unerläßlich sind. Die Begriffe „industrielle Einschätzung“ und „ökonomische Bewertung“ einer Lagerstätte mineralischer Rohstoffe wurden an anderer Stelle (STAMMBERGER 1962) definiert. Dort wurden auch jene Faktoren beschrieben, auf die sich eine solche Einschätzung und Bewertung stützen muß. Ihre Grundlage ist in jedem Falle eine exakte Vorratsberechnung nach den von der ZVK herausgegebenen Richtlinien und Instruktionen.

Eine Vorratsberechnung ist zwangsläufig mit Rechenoperationen, graphischen Konstruktionen usw. verbunden; sie machen das Handwerkliche, die technische Seite aus, die meist geringe Schwierigkeiten bei ihrer Ausführung hervorruft, weil sich die anzuwendenden berechnungstechnischen Methoden und Kunstgriffe jeder Geologe, Markscheider usw. relativ leicht aneignen kann. Viel schwieriger ist es, die exakten Ausgangsdaten (Parameter) der Berechnung zu ermitteln und die geologischen Verhältnisse (denen sich Methode und Rechengang anpassen müssen) richtig zu erkennen. Dazu gehört keine geringe Qualifikation des Erkundungsgeologen, der bereits während der geologischen Erkundung seine Arbeiten so planen, projektieren und durchführen muß, daß eine Klärung und exakte zahlenmäßige Erfassung der entsprechenden Faktoren auch tatsächlich möglich ist. In der Vergangenheit herrschte bei vielen Geologen die falsche Vorstellung, daß die Niederbringung einer gewissen Anzahl Bohrungen zwangsläufig einen bestimmten Untersuchungsgrad der Lagerstätte sichert. Die ZVK hat in den letzten Jahren wiederholt die Irrigkeit solcher Auffassungen erläutert. Eine Bohrung und ein anderer Aufschluß haben im Grunde nur die Bedeutung, daß in diesem Punkte bestimmte Informationen erhalten und Untersuchungen der verschiedensten Art durchgeführt werden können. Eine niedergebrachte Bohrung (an und für sich) sagt jedoch noch nichts darüber aus, ob diese Informationen auch tatsächlich erhalten und alle erforderlichen Forschungen durchgeführt wurden.

In einer in dieser Zeitschrift veröffentlichten Notiz (STAMMBERGER 1962) ist auf die Notwendigkeit hingewiesen worden, zwischen Erkundungsgrad und Erforschtheit von Lagerstätten und Vorräten zu unterscheiden. Dort und in der neuen DDR-Klassifikation (1962) wurden die Begriffe Erkundungsgrad und Erforschungsgrad (die beide den Untersuchungsgrad ausmachen) definiert. Ziel und Aufgabe des Geologen ist es, bei der Untersuchung einer Lagerstätte die Identität von Erkundung und Erforschung zu erreichen, d. h., jeden Aufschluß voll auszuwerten.

2. Der Untersuchungsgrad

Die Gliederung des Untersuchungsgrades einer Lagerstätte und ihrer Vorräte in Erkundungsgrad und Erforschungsgrad erweckt auf den ersten Blick den Eindruck, daß etwas getrennt wird, was organisch miteinander verbunden ist. Ohne Zweifel setzt ein hoher Erforschungsgrad einer Lagerstätte auch einen hohen Erkundungsgrad voraus. In der Praxis ist jedoch nicht jeder hohe Erkundungsgrad mit einer adäquaten Auswertung verbunden. Die Kritik, daß zahlreiche Bohrungen nur unzureichend ausgewertet werden, ist bedauerlicherweise berechtigt. Die ZVK mußte daher diesen Umstand in der neuen Vorratsklassifikation der DDR beachten.

Der Erkundungsgrad wird gemäß der 2. Vorratsklassifikation fester mineralischer Rohstoffe bestimmt durch:

a) die Art der durchgeführten Erkundungsarbeiten (geologische Kartierungen, geophysikalische Messungen, Bohrungen, bergmännische Arbeiten);

[1] Eingang des Manuskripts in der Redaktion: 9. 7. 1962

b) deren spezifischen Umfang bei Einsatz verschiedener Erkundungsarbeiten;
c) ihren Gesamtumfang sowie ihre Verteilung auf der Lagerstätte;
d) die Qualität ihrer Durchführung;
e) die Zuverlässigkeit der Lagerstättenumgrenzung (Extra-, Interpolation o. a.) in horizontaler und vertikaler Richtung;
f) die Entnahme von Untersuchungsmaterial aus dem Anstehenden, die Art dieser Entnahme, die technische Vorbereitung dieses Materials für die verschiedenen Untersuchungen (z. B. Art der Probenahme, Reduzierung auf Labormenge usw.);
g) die Dokumentation aller dieser Arbeiten.

Der Erforschungsgrad umfaßt alle Untersuchungen hinsichtlich der stofflichen, physikalischen und technologischen Eigenschaften des Rohstoffes, ferner die wissenschaftliche Auswertung aller vorliegenden Daten zur Klärung der

a) Lagerstättengenese und Ermittlung jener Faktoren, welche die Erzbildung begünstigen und ihre Verbreitung kontrollieren;
b) Veränderlichkeit der wesentlichen Eigenschaft des Rohstoffkörpers und ihrer räumlichen Verteilung;
c) Bedingungen für den Abbau (Hydrogeologie, Tektonik u. a.);
d) anzuwendenden Verarbeitungstechnologie des Rohstoffes.

Gemäß der 2. DDR-Vorratsklassifikation bestimmt der erreichte Untersuchungsgrad (also Erkundungsgrad plus Erforschungsgrad) die Klasseneinstufung der Vorräte. Eine allgemeingültige (d. h. für alle Lagerstätten gültige) Festlegung des Umfangs der Arbeiten, der zur Erreichung eines bestimmten Untersuchungsgrades durchgeführt werden muß, ist unmöglich. Ebenso ist es unmöglich, allgemeingültig festzulegen, welcher Untersuchungsstand z. B. bei der Übergabe einer erkundeten Lagerstätte zur industriellen Nutzung erreicht sein muß.

Fest steht lediglich, daß

a) der notwendige Untersuchungsaufwand durch die Kompliziertheit der Lagerstättenverhältnisse und die angestrebte Genauigkeit und Detailliertheit des Untersuchungsergebnisses bestimmt wird,
b) der erreichte Erkenntnisstand bei der Übergabe einer Lagerstätte zur industriellen Nutzung das bergbauliche Risiko weitgehend beseitigen bzw. auf ein zumutbares Maß einschränken muß. Der dazu notwendige Untersuchungsaufwand ist abhängig von der Kompliziertheit der Lagerstättenverhältnisse und dem „Riskierten", d. h. vor allem dem vorgesehenen Investaufwand.

Die Kompliziertheit der Lagerstätte — die in beiden Fällen eine erhebliche Rolle spielt — wird durch den Veränderlichkeitscharakter der Lagerstätteneigenschaften bestimmt. Der Untersuchungsstand muß daher stets auf die vorliegenden — einfachen oder komplizierten — Verhältnisse bezogen werden, ist eine Funktion sowohl der durchgeführten Arbeiten als auch der — aus der gegebenen Situation sich ergebenden — notwendigen.

Daraus folgt, daß die gleiche Vorratsklasse bei unterschiedlicher Veränderlichkeit der Lagerstätteneigenschaften mit verschieden großem Untersuchungsaufwand erreicht werden kann. Und entsprechend: Gleicher Untersuchungsaufwand führt bei unterschiedlichen geologischen Verhältnissen zu verschiedenen Vorratsklassen.

3. Die Veränderlichkeit von Lagerstätteneigenschaften

Lagerstätten können bekanntlich aushaltende und wechselhafte Verhältnisse aufweisen. (Für die geologische Untersuchung bereiten die letzten die größten Schwierigkeiten.) Verändern kann sich jede Eigenschaft der Lagerstätte bzw. des Rohstoffkörpers (Gehalt, Mächtigkeit, Richtung und Verbreitung im Fallen und Streichen, Textur und Struktur, Bergfeuchtigkeit, Dichte usw.).

Bei wechselhaften Verhältnissen ist es wesentlich, ob sich die Veränderungen in bestimmten Richtungen (sog. gerichtete Veränderlichkeit) und allmählich oder sprunghaft und ohne jede erkennbare Gesetzmäßigkeit regellos vollziehen (sog. zufällige Veränderlichkeit oder chaotische Verteilung eines Lagerstättenmerkmales).

Jede dieser Veränderlichkeitsarten variiert außerdem noch hinsichtlich der beobachteten Intensität. Eine lineare oder andere gerichtete Veränderlichkeit kann sich zwischen zwei gewählten Beobachtungspunkten stark oder nur schwach bemerkbar machen, die Variationsbreite einer zufälligen Veränderlichkeit kann groß oder gering sein usw.

Auf diese Weise werden verschiedene Grundtypen der Veränderlichkeit eines Lagerstättenmerkmals unterschieden. Art und Intensität der Veränderlichkeit der Lagerstätteneigenschaften bestimmen wesentlich die Methodik der geologischen Erkundung und Untersuchung. Eine gerichtete z. B. lineare Veränderlichkeit der Mächtigkeit erfordert zu ihrer verläßlichen Ermittlung nur eine relativ geringe Zahl von Ausgangsdaten. Eine unbedeutende Variationsbreite, z. B. des Fe-Gehaltes eines Erzkörpers, gestattet die Berechnung des Durchschnittsgehaltes aus verhältnismäßig wenig Analysenwerten bei Einhaltung einer vorgegebenen Genauigkeit.

Bestimmend für die Zuordnung zu einem Veränderlichkeitstyp ist das Verhalten der jeweiligen — rohstoff- oder lagerstättenbedingten — Hauptparameter, meist Mächtigkeit und Gehalt (Heizwert, Aschegehalt, Fraktionszusammensetzung u. a.).

Die geologisch-mathematische Bearbeitung solcher Ausgangswerte muß den besonderen Charakter der Veränderlichkeit berücksichtigen, da hiervon z. B. die Wahl des Veränderlichkeitsmaßes abhängt. Die Erörterung dieser wichtigen Frage muß einer späteren Arbeit vorbehalten bleiben. Hier sei lediglich auf einen weitverbreiteten prinzipiellen Fehler hingewiesen.

Die Wahrscheinlichkeitsrechnung und mathematische Statistik geht davon aus, daß die Ausgangsdaten zufälligen Charakter tragen, d. h. die Größe der einen nicht die der anderen beeinflußt. In Anwendung auf die Lagerstätten ist das gleichbedeutend mit der Unterstellung, daß sich das untersuchte Lagerstättenmerkmal nicht gesetzmäßig und kontinuierlich (z. B. gerichtet) verändert, also eine chaotische Verteilung der Merkmalswerte vorliegt. Diese Unterstellung ist aber für eine ganze Reihe von Lagerstättenmerkmalen falsch, völlig oder in mehr oder weniger bedeutendem Maße. Sie trifft z. B. in der Regel nicht für die Mächtigkeit zu, kann dagegen in bestimmten Fällen für den Gehalt praktisch berechtigt sein.

In einem Beobachtungspunkt kann über den Erzkörper eine Information (Mächtigkeit, Gehalt u. a.) erhalten werden, die im allgemeinen umfangsgleich ist; sie ist jedoch für jeden Veränderlichkeitstyp unterschiedlich aussagekräftig, da sich der Gültigkeitsbereich dieser Information in einem Falle auf den Beobachtungspunkt selbst beschränkt, in anderen Fällen deren Extrapolation auf verschieden große benachbarte Bereiche zuläßt. Offensichtlich kann ein Bereich dann als vollständig untersucht gelten, wenn die vorliegenden Beobachtungspunkte (ihre Zahl und ihre Lage) eine eindeutige Aussage über diesen Bereich ermöglichen, d. h. solche Kenntnisse vermitteln, daß zwischen Untersuchungs- und Abbauergebnis praktisch keine ins Gewicht fallenden Abweichungen erhalten werden.

Selbstverständlich ist auch der Charakter der „Beobachtungspunkte“ zu beachten, d. h., es sind jene Unterschiede in der Information zu berücksichtigen, die sich daraus ergeben, daß in einem Falle — z. B. bei einer Bohrung — tatsächlich ein punktförmiger Aufschluß in der horizontalen Verbreitung und ein linearer in meist vertikaler Richtung vorliegt, in anderen Fällen — z. B. bei bergmännischen Arbeiten — eine flächenmäßige Freilegung des Erzkörpers in bestimmten Richtungen.

Methodologisch ist die Untersuchung am besten gesondert für beide Fälle zu führen und anschließend das Verhältnis beider zueinander zu überprüfen. Es ist ferner sinnvoll, die Untersuchung am zufälligen, „chaotischen“ Veränderlichkeitstyp durchzuführen, da dieser Typ der Untersuchung die größten Schwierigkeiten bereitet. Für die anderen Veränderlichkeitstypen sind unter Umständen andere Methoden zweckmäßiger, die Lösungen ohne Zweifel einfacher.

4. Kann ein exakter Maßstab für den Untersuchungsgrad gefunden werden?

Bei Abschluß der geologischen Untersuchung einer Lagerstätte und der Berechnung ihrer Vorräte steht vor dem Geologen die Aufgabe, die gewonnenen Erkenntnisse über die Vorräte einzuschätzen, d. h., den Untersuchungsgrad festzustellen und die Vorräte in die entsprechenden Klassen einzustufen. Hierbei vermißt der Geologe objektive und exakte Maßstäbe, an denen er die Richtigkeit seiner Entscheidung messen und jede subjektive Beurteilung ausschließen könnte.

Die Suche nach solchen Maßstäben ist nicht neu. Besonders von sowjetischen Geologen und Markscheidern liegen zu diesem Thema zahlreiche Arbeiten vor. Abschließende und allseitig akzeptierte Ergebnisse existieren allerdings noch nicht.

Auch dieser Beitrag ist nicht mehr als ein Vorschlag, der zur Diskussion gestellt werden und bei uns die Arbeit auf dem genannten Gebiet anregen soll.

Verf. läßt sich von folgenden Überlegungen leiten:

a) Wenn bei geologischen Untersuchungen erreicht ist oder unterstellt wird, daß die durchgeführten Erkundungsarbeiten erschöpfend ausgewertet wurden, also Erkundungs- und Erforschungsgrad identisch sind, kann — und nur dann — der Untersuchungsgrad weitgehend an den durchgeführten Erkundungsarbeiten gemessen werden.

b) Wenn es unmöglich ist, für alle mineralischen Rohstoffe und alle nur denkbaren Lagerstättenverhältnisse allgemeingültige Festlegungen über den Umfang der Untersuchungen zu treffen, der zur Erreichung einer bestimmten Vorratsklasse notwendig ist, kann für einen konkreten Fall durchaus festgestellt werden, welche Erkenntnisse für die Zuordnung eines Vorrats zu einer bestimmten Vorratsklasse unter Berücksichtigung der vorliegenden Lagerstättenverhältnisse erforderlich sind.

c) Wenn in einem konkreten Fall bekannt ist, welche Kenntnisse für die Einstufung von Vorräten z. B. in die Klasse A vorliegen müssen und der Umfang der hierzu benötigten Untersuchungen ebenfalls bestimmbar ist, dann müßte es — für den betrachteten Fall — auch möglich sein, den entsprechenden Umfang an Untersuchungen für die übrigen Vorratsklassen exakt abzuleiten.

d) Auf diese Weise sollte es schließlich möglich sein, auch einen exakten Maßstab für den Untersuchungsgrad zu finden.

5. Lagerstättenuntersuchung mit Hilfe bergmännischer Auffahrungen

a) Die Elementareinheit

Wenn geologische Untersuchungen von Lagerstätten mit Hilfe bergmännischer Arbeiten durchgeführt wurden und jede Auffahrung erschöpfend ausgewertet wurde, wenn also Erkundungs- und Erforschungsgrad miteinander identisch sind, kann der Umfang der Auffahrungen als Charakteristik des Umfanges der durchgeführten geologischen Untersuchungen dienen. Das vereinfacht bedeutend die Betrachtungsweise.

Bei den folgenden Betrachtungen werden zunächst nur bergmännische geologische Untersuchungsarbeiten betrachtet. Es werden somit Verhältnisse untersucht, wie sie für unsere in Abbau stehenden sowie für die Erkundung schwierigen Lagerstätten charakteristisch sind.

Zur größeren Anschaulichkeit sei ein Vorratsblock angenommen (Abb. 1), der in der Projektion eine quadratische Fläche aufweist. (Die quadratische Form ist lediglich zur Vereinfachung der anschließenden Rechnung gewählt.) Die Seitenlänge dieses Quadrates sei x, sein Flächeninhalt somit x^2.

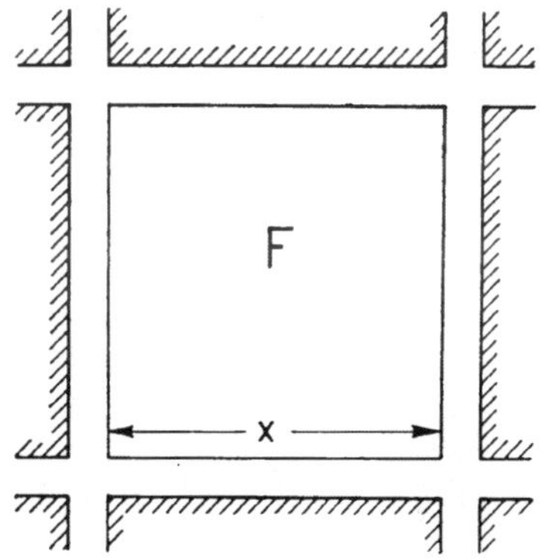

Abb. 1

Es ist unbestreitbar, daß bei einem beliebigen Lagerstätten-, d. h. Veränderlichkeitstyp eines beliebigen Rohstoffes eine Flächengröße des Quadrates mit Hilfe entsprechender Forschungsarbeiten gefunden werden kann, bei der durch allseitigen Aufschluß so eingehende Beobachtungen gemacht und Untersuchungsmaterial entnommen werden können, daß der Vorrat auf dieser Fläche als völlig untersucht gelten kann und keine spürbaren Abweichungen von der Vorhersage eintreten können. Eine solche Fläche sei „Elementareinheit“ genannt. Selbstverständlich ist sie bei verschiedenen Lagerstättentypen und Rohstoffen verschieden, auf jeden Fall jedoch ermittelbar. (Sie kann theoretisch in Einzelfällen nur wenige Quadratmeter betragen.) Der Quotient aus Fläche und Länge der diese begrenzenden Aufschlüsse $\left(x^2/4x = \frac{x}{4}\right)$ charakterisiert den Untersuchungsgrad der Elementareinheit insofern eindeutig, als er die Vollständigkeit der Untersuchung unterstellt. Der geologische Sinn dieses Quotienten ist, daß er angibt, wieviel vollständig untersuchte Vorräte (genauer: welche Vorratsfläche) auf eine Einheit (z. B. auf einen Meter) bergmännische Auffahrung entfallen. Je geringer die Vorratsfläche — bei einer bestimmten Lagerstätte — pro Auffahrungseinheit ist, um so eingehender und zuverlässiger sind offensichtlich die Ermittlungen.

Diese Behauptung ist deshalb richtig, weil durch Verringerung der Fläche (F) und relative Vergrößerung der Umfahrungslänge (L) zweifellos ein solcher Quotient k erreicht werden kann, bei dem der Vorrat auf jeden Fall vollständig untersucht ist.

Man kann sich leicht davon überzeugen, daß die quadratische Form des Blockes von allen Figuren den ungünstigsten Quotienten liefert, daß er z. B. bei rechteckigen Flächen (die im Bergbau übliche und meist optimale Form des Abbaublockes) kleiner ist.

Verfasser schlägt vor:

a) die tatsächlichen Größen dieser Elementareinheiten durch entsprechende Forschungen (geologisch-bergtechnische Analyse) für unsere wichtigsten Lagerstättentypen der einzelnen Rohstoffe zu ermitteln;

b) diese festgestellten Elementareinheiten für die Beurteilung (Maßstab) des Untersuchungsgrades beliebiger untersuchter Blöcke des gleichen Lagerstättentyps zu benutzen.

Die letzte Möglichkeit ergibt sich aus folgendem:

b) Der Koeffizient „k"

Es sei unterstellt, daß ein Quadrat (wie in Abb. 1) mit der Vollständigkeit einer Elementareinheit, d. h. vollständig, untersucht sei (bei chaotischer Verteilung der Lagerstättenmerkmalwerte). Bezeichnen wir den Quotienten Fläche: Umfahrungslänge mit k.

Wenn bei vierseitiger Umfahrung alle Fragen eindeutig geklärt werden konnten, schwindet im zunehmenden Maße diese Möglichkeit bei Verringerung der Umfahrung, weil an einer oder mehreren Seiten keine Informationen erhalten und Untersuchungen durchgeführt werden konnten. In Abhängigkeit von der Vollständigkeit der Umfahrung (Untersuchung) erhalten wir bei einer Seitenlänge des Quadrates gleich vier:

Vierseitig umfahren:		$k = 16:16 = 1$
Dreiseitig	„	$k = 16:12 = 1{,}3$
Zweiseitig	„	$k = 16:\ 8 = 2$
Einseitig	„	$k = 16:\ 4 = 4$

Wenn die eingesetzten Rechenwerte des Beispiels anders gewählt worden wären, hätten wir für die Quotienten zwar andere Ziffern, jedoch die gleiche Gesetzmäßigkeit festgestellt, z. B. bei einer Seitenlänge von 7 und einer Fläche von 49:

1,75; 2,3; 3,5 und 7.

Wenn 1,75 gleich 1 gesetzt wird (vollständig erkundet), erhalten wir wiederum 1; 1,3; 2 und 4. Offensichtlich bedeutet das: Wenn die bei vierseitiger Umfahrung durchgeführte Untersuchung (die hier als vollständig unterstellt wurde) gleich 100% gesetzt wird, ist bei nichtallseitiger Umfahrung der Untersuchungsgrad entsprechend (proportional den k-Werten) geringer.[2])

Hat dieser Koeffizient reale Bedeutung, oder verliert er sie durch die Tatsache, daß selbst bei allseitiger Umfahrung die Teile eines Blockes ungleichmäßig „beleuchtet" sind?

Tatsächlich, wenn wir eine quadratische Vorratsfläche betrachten (Abb. 2), so steht fest, daß die Teilblöcke a, b, c, d besser untersucht werden können als die Teilblöcke f, g, h, i und der zentrale Teilblock überhaupt nicht durch die Auffahrungen berührt wird.

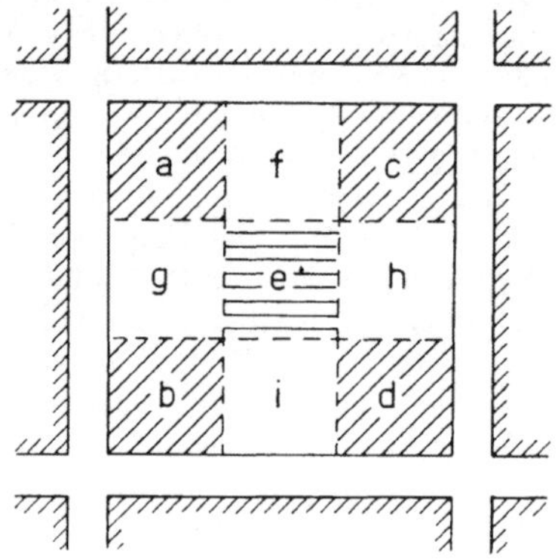

Abb. 2

Das Merkmal jeder echten Wissenschaft ist die Fähigkeit der Voraussage. Geologische Erkundung und Untersuchung auf wissenschaftlicher Basis unterscheidet sich vom (noch so soliden) Handwerk u. a. dadurch, daß auf Grund der in den Aufschlüssen erhaltenen Erkenntnisse verläßliche Aussagen (Vorhersagen) über den unberührten Teilblock e gemacht werden können. Wenn das nicht möglich ist, besitzt der Block nicht den Koeffizienten $k = 1$, muß er in seinen Ausmaßen zu diesem Zweck verringert werden.[3])

Der Koeffizient k kann somit bei Einhaltung der früher genannten Prämissen zur Charakterisierung des Erkundungsgrades herangezogen werden. Diese Behauptung trifft nur bei Vergleichen innerhalb des gleichen Veränderlichkeits- und Mineralisationstyps zu. Bei Vergleichen zwischen Lagerstätten verschiedener mineralischer Rohstoffe und Veränderlichkeitstypen sind oft unterschiedliche Quotienten als Maßstab des Untersuchungsgrades gleichwertig: Bei wenig veränderlichen Lagerstätten kann pro Meter Auffahrung mit gleicher Zuverlässigkeit der Erkenntnis eine oft um das Mehrfache größere Vorratsmenge untersucht werden als bei intensiv veränderlichen. Diese Tatsache wird in den veröffentlichten ZVK-Instruktionen durch die Einteilung der in der DDR vorhandenen Lagerstätten in Typen berücksichtigt, für die ein spezifischer Untersuchungsaufwand (z. B. unterschiedliche Erkundungsabstände) notwendig ist.

c) Der Abbaublock

Im Bergbau ist der Abbaublock[4]) als Vorratsmengeneinheit von großer praktischer Bedeutung. Die Summe der Abbaublöcke ist die Grundlage für alle Fragen, die sich auf die Gewinnung — ihre Planung ebenso wie unmittelbaren Abbau — beziehen. In der Regel sind für

---

[2]) Wir hätten auch den Quotienten $k' = L/F$, und zwar in Prozenten berechnen können:

$$\text{Vierseitig}\ k' = \frac{16 \cdot 100}{16} = 100\%$$

$$\text{Dreiseitig}\ k' = \frac{12 \cdot 100}{16} = 75\%$$

$$\text{Zweiseitig}\ k' = \frac{8 \cdot 100}{16} = 50\%$$

$$\text{Einseitig}\ k' = \frac{4 \cdot 100}{16} = 25\%$$

Verfasser zieht den im Text gewählten Ausdruck vor, der seine Eigenschaft als Kennziffer besser vermittelt.

[3]) Es sei kurz auf eine Frage eingegangen, die vom eigentlichen Thema zwar abweicht, von den in der Praxis tätigen Geologen jedoch wahrscheinlich gestellt wird: Wenn die „normalen" Untersuchungsabstände (Schlitzproben usw.) einen als optimal ermittelten Abstand von 5 oder 10 Metern haben, welche Abstände müssen bei der Untersuchung des Restblocks (der Elementareinheit) gewählt werden?

Auf diese erkundungsmethodische Frage kann keine Antwort gegeben werden, die für jeden einzelnen Fall gültig ist. Bei dem für unsere Untersuchung angenommenen Veränderlichkeitstyp (zufällig) sind grundsätzlich die Methoden der mathematischen Statistik anwendbar. Dabei ist nicht so entscheidend, wo die Ausgangsdaten erhalten wurden, sondern ob ihre Anzahl zur Berechnung eines sog. gesicherten Mittelwertes ausreicht. Daraus folgt, daß die obengenannten Abstände so verringert werden müssen, daß für die elementare Vorratseinheit mindestens 15—20 Ausgangswerte vorliegen.

[4]) Spezifische Verhältnisse, bei denen wie im Steinkohlen- und Kupferschieferbergbau z. B. der Streb die Rolle des Abbaublockes übernimmt, werden bei den nachfolgenden Ableitungen zunächst zurückgestellt.

den Abbau vorgerichtete Abbaublöcke vierseitig, in anderen Fällen — z. B. im Kali — meist nur dreiseitig umfahren. In der horizontalen oder vertikalen Projektion besitzen sie gewöhnlich die Form eines Rechteckes.

Die Ausmaße eines Abbaublockes sind weitgehend bergtechnisch bedingt, da die optimale Abbauführung die Einhaltung gewisser Minimal- und Maximalwerte erforderlich macht. An den Abbaublock als Mengeneinheit des Vorrates, die unmittelbar dem Abbau unterliegt und deshalb nicht weiter erkundet wird, müssen hinsichtlich der vorliegenden Kenntnisse über die Vorräte die höchsten Ansprüche gestellt werden. Der vorgerichtete Abbaublock muß deshalb in der Regel einen hohen Untersuchungsgrad besitzen und damit einer möglichst hohen Vorratsklasse, z. B. A, angehören. Es sind aus der Praxis jedoch nicht wenige Fälle bekannt, bei denen ein vierseitig umfahrener Block, der ohne jede weitere Erkundung auch abgebaut werden muß, auf Grund der Absetzigkeit der Vererzung oder anderer Umstände keinem Vorrat in hohen Klassen (A oder B) entspricht (z. B. Uran-Gangerzbergbau). Abbaublock und Vorratsklasse A sind somit nicht identisch. Wie kann unter solchen Umständen der Untersuchungsgrad eines Abbaublockes bestimmt bzw. „gemessen" werden? Das ist offensichtlich dann möglich, wenn jene elementare Vorratseinheit bzw. Vorratsfläche bestimmt wurde, die bei allseitiger Untersuchung und Umfahrung keine Fragen offenläßt und dem Abbau eindeutige Unterlagen liefert. Eine solche elementare Einheit läßt sich in unseren Montanbetrieben durch geologisch-bergtechnische Analysen bestimmen.

Selbst bei einem so absetzigen Vererzungstyp wie hydrothermaler Uranvererzung läßt sich feststellen, daß ein vierseitig umfahrener „Block" der Ausmaße von z. B. 4 · 6 Meter (oder anders) beim Abbau keine Überraschungen bringen kann. (Solche „Blöcke" liegen praktisch nur als Restflächen weitgehend abgebauter Abbaublöcke vor.) Für diese elementare Vorratseinheit gilt der k-Wert 1.

Nehmen wir an, daß die Ausmaße eines Abbaublockes bei diesem Lagerstättentyp 30 · 40 Meter betrügen. In diesem Falle erhalten wir zwei k-Werte:

a) k = 24:20 = 1,2 (für den Restblock = Elementareinheit)
b) k = 1200:140 = 8,6 (für den Abbaublock der Größe 30 × 40 Meter bei vierseitiger Umfahrung)

Wenn 1,2 gleich 1 gesetzt wird, erhalten wir für den Abbaublock 7,1. Daraus kann zunächst eindeutig gefolgert werden, daß dieser Abbaublock trotz vierseitiger Umfahrung und Durchführung aller erforderlichen Untersuchungen auf Grund der Absetzigkeit der Vererzung nicht zur Klasse A gehören kann. Um seine Klassenzugehörigkeit zu bestimmen, muß ermittelt werden, welche k-Werte für welche Vorratsklassen zulässig sind.

6. Die k-Werte der einzelnen Vorratsklassen

Überprüfen wir zunächst die bestehenden Festlegungen, die zwar im wesentlichen „gegriffen" sind, sich jedoch auf eine große, oft jahrzehntelange Erfahrung stützen.

a) Sowjetische Festlegungen für Blei – Zink

Nach der sowjetischen Blei-Zink-Instruktion (1954) hat ein Abbaublock im Gangerzbergbau Ausmaße in der Größenordnung 40 · 60 Meter (in besonders komplizierten Fällen 30 · 40). Die längste Seite eines solchen Blockes entspricht dabei der Richtung der geringsten Veränderlichkeit (bei hydrothermalen Blei-Zink-Gängen ist der Teufenunterschied für die Mineralisation entscheidend). In der Regel werden solche Blöcke zunächst horizontal durch Strecken aufgeschlossen, die Überhauen schließen die Erkundung ab. Berechnen wir den Quotienten k für alle theoretisch möglichen Varianten (Tab. 1).

Tabelle 1

Art der Umfahrung			k	k = 12 gleich 1 gesetzt
Vierseitig umfahren			2400:200 = 12	k = 1
Dreiseitig	„	(1 Überhauen)	2400:160 = 15	k = 1,25
„	„	(1 Strecke, 2 Überhauen)	2400:140 = 17	k = 1,42
Zweiseitig	„	(ohne Überhauen)	2400:120 = 20	k = 1,66
„	„	(1 Strecke, 1 Überhauen)	2400:100 = 24	k = 2
„	„	(2 Überhauen)	2400: 80 = 30	k = 2,5
Einseitig	„	(1 Strecke)	2400: 60 = 40	k = 3,33
„	„	(1 Überhauen)	2400: 40 = 60	k = 5

Wir erhielten grundsätzlich die gleichen k-Werte, wie oben für das Quadrat.

b) Bestehende Festlegungen der ZVK für Kali

Die 2. Kali-Instruktion der ZVK (1960) nennt in Tab. 1 die entsprechenden Richtwerte der Erkundungsabstände. (Hier seien lediglich die Lagerstättentypen I, II und III betrachtet.) Zusätzlich wird in der Instruktion formuliert, daß A_2-Vorräte mindestens zweiseitig (Pt. 8.3) und die Vorräte in C_1-Blöcken[5]) an einer Seite durch Auffahrungen nachgewiesen sein müssen (Pt. 8.42). Berechnen wir die k-Werte (Tab. 2).

Tabelle 2

Typ	Art der Umfahrung	k	k = A_1 = 1
I	A_1 vierseitig	250000:2000 = 125	1
	A_2 dreiseitig	250000:1500 = 166	1,3
	B vierseitig	562500:3000 = 187	1,5
	dreiseitig	:2250 = 250	2,0
	zweiseitig	:1500 = 375	3,0
	C_1 einseitig	1000	8,0
II	A_1 vierseitig	125000:1500 = 83	1
	A_2 dreiseitig:		
	1 lange, 2 kurze	125000:1000 = 125	1,5
	2 lange, 1 kurze	:1250 = 100	1,2
	B vierseitig	187500:2000 = 94	1,1
	dreiseitig:		
	1 lange, 2 kurze	:1250 = 150	1,8
	2 lange, 1 kurze	:1750 = 107	1,3
	zweiseitig:		
	1 lange, 1 kurze	:1000 = 187	2,25
	2 lange	:1500 = 125	1,5
	2 kurze	: 500 = 375	4,5
	C_1 einseitig	500	6,0
III	A_1 vierseitig	100000:1300 = 77	1
	A_2 dreiseitig:		
	2 lange, 1 kurze	:1050 = 95	1,25
	1 lange, 2 kurze	: 900 = 111	1,45
	B vierseitig	240000:2000 = 120	1,56
	dreiseitig:		
	2 lange, 1 kurze	:1600 = 150	1,95
	1 lange, 2 kurze	:1400 = 171	2,2
	zweiseitig:		
	1 lange, 1 kurze	:1000 = 240	3,1
	2 lange	:1200 = 200	2,6
	2 kurze	: 800 = 300	3,9
	C_1	500	6,5

[5]) Extrapolierte Vorräte seien zunächst von der Betrachtung ausgeklammert.

In Tab. 3 wurden die errechneten k-Werte zusammengestellt:

Typ	A_1	A_2	B	C_1	k-Wert von A_1 gleich 1 gesetzt A_1	A_2	B	C_1
I	125	166	187	1000	1	1,33	1,5	8,0
			250				2,0	
			375				3,0	
II	83	100	94	500	1	1,2	1,1	6,0
		125	107			1,5	1,3	
			125				1,5	
			150				1,8	
			187				2,25	
			375				4,5	
III	77	95	120	500	1	1,25	1,55	6,5
		111	150			1,45	1,95	
			171				2,2	
			200				2,6	
			240				3,1	
			300				3,9	

Der Vergleich der k-Werte gestattet, wenn die für A_1 festgelegten Werte richtig sind, in etwa für die Verhältnisse der Kaliindustrie zu schlußfolgern: k-Werte bis 1,5 sind zu A ($A_1 + A_2$) zu rechnen, 3,0—3,5 charakterisieren k-Werte bis zu B-Vorräte. Über 8,0 liegende k-Werte sind zu C_2-Vorräten zu rechnen.

Mit anderen Worten: Nach einer geologisch-bergtechnischen Analyse und — als ihr Ergebnis — einer exakt bestimmten „Elementareinheit" (die mit den derzeitigen A_1-Abständen zusammenfallen könnte) wäre ein für die Kaliindustrie handlicher und allgemeiner Maßstab des Untersuchungsgrades zu finden.

c) Bestehende Festlegungen der ZVK für Kupfer

Nach der 1. Kupfer-Instruktion der ZVK (1957) sei lediglich der Typ I betrachtet, der einzige derzeit in der DDR industriell interessante Lagerstättentyp. Die im Vergleich zu Kali weniger differenzierten Festlegungen der Kupfer-Instruktion sind dort in Tab. 1 und Pt. 6.31 enthalten, in dem für B-Vorräte mindestens zweiseitige Umfahrung gefordert wird. Praktisch wird bei A_2-Vorräten 3—4seitige Umfahrung, bei C_1 in der Regel seitliche Extrapolation ausgeblockt, seltener großräumige vierseitige Umfahrungen (Tab. 4).

Tabelle 4

Art der Umfahrung	k	k = 150 = 1
A_2 vierseitig	360000:2400 = 150	1
dreiseitig	:1800 = 200	1,3
B vierseitig	640000:3200 = 200	1,3
dreiseitig	:2400 = 267	1,8
zweiseitig	:1600 = 400	2,6
C_1 vierseitig	1440000:4800 = 300	2,0
dreiseitig	:3600 = 400	2,6
zweiseitig	:2400 = 600	4,0
einseitig	:1200 = 1200	8,0

Die ZVK hat seinerzeit gegen die Größe der A_2-Abstände Bedenken geäußert, d. h., sie ist nicht überzeugt, daß solche Blöcke tatsächlich einem k-Wert von 1 bis 1,3 entsprechen. Unabhängig von diesem Einwand ist eindeutig abzulesen, daß die bestehenden Festlegungen revisionsbedürftig sind.

7. Erkundungsabstände und Vorratsfläche

International und auch bei uns in der DDR ist es meist üblich, den Erkundungsabstand beim Übergang von einer Klasse zur anderen in den meisten Fällen zu verdoppeln bzw. zu halbieren. Das hat nicht zuletzt seine Ursache darin, daß es auf diese Weise sehr einfach ist, durch entsprechende Verdichtungsbohrungen in der Mitte der bisherigen Abstände die Umwandlung einer Vorratsklasse in die nächst höhere zu erreichen. Dabei wird oft übersehen, daß sich bei entsprechendem Erkundungsnetz die Vorräte nicht verdoppeln, sondern vervierfachen (bei quadratischen Blöcken).

Wie verhalten sich unter diesen Umständen die k-Werte der einzelnen Klassen, wenn die jeweils festgelegten Blockgrößen 4-, 3-, 2- und 1seitig umfahren wurden? Nehmen wir wiederum das bereits oben benutzte Schema (s. Tab. 5).

Tabelle 5

Klasse	Seitenl.	Fläche	4seitig	3seitig	2seitig	1seitig
A	4	16	16:16 = 1	16:12 = 1,3	16: 8 = 2	16:4 = 4
B	8	64	64:32 = 2	64:24 = 2,7	64:16 = 4	64:8 = 8
C_1	16	256	256:64 = 4	256:48 = 5,3	256:32 = 8	256:16 = 16
C_2	32	1024	1024:128 = 8	1024:96 = 10,7	1024:64 = 16	1024:32 = 32

Unter Berücksichtigung der Größe der erhaltenen k-Werte könnten folgende k-Äquivalente in Gruppen zusammengefaßt werden:

1. Gruppe: 4- und 3seitig umfahrene A-Blöcke
2. Gruppe: 2seitige A-Blöcke, 4- und 3seitige B-Blöcke
3. Gruppe: 1seitige A-Blöcke, 2seitige B-Blöcke, 3- und 4seitige C_1-Blöcke
4. Gruppe: 1seitige B-Blöcke, 2seitige C_1-Blöcke, 3- und 4seitige C_2-Blöcke

Ferner: Damit ein 1seitiger C_1-Block noch zur 4. Gruppe gerechnet werden kann, dürfte nicht mehr als 1 Seitenlänge von B seitlich ausgeblockt werden.

Wenn dieses Ergebnis definiert und den einzelnen Vorratsklassen zugeordnet werden soll, so heißt das:

1. A-Vorräte müssen bei bergmännischer Erkundung in der Regel 3- oder 4seitig umfahren sein und einen k-Wert zwischen 1 und 1,5 aufweisen.
2. B-Vorräte können 2-, 3- und 4seitig umfahren sein. Ihr k-Wert muß zwischen 1,5 und 3 oder 4 liegen.
3. C_1-Vorräte können beliebig umfahren sein. In jedem Falle muß der k-Wert zwischen 4 und 8 bis 9 liegen.
4. C_2-Vorräte können ebenfalls beliebig umfahren sein. Ihr k-Wert liegt über 8 bzw. 9 und darf einen noch festzulegenden Grenzwert (16—18?) nicht überschreiten.

Von großer praktischer Bedeutung ist die Festlegung des Maximalwertes für k bei C_2-Vorräten. Generell dürfte er keine Einengung des Vorlaufes mit sich bringen, d. h., die Schlußfolgerungen aus den abstrakten Untersuchungen unseres Schemas müssen noch ergänzt werden durch die Schlußfolgerungen aus anderen (z. B. ökonomischen) Gesichtspunkten, um zu vernünftigen Festlegungen für die Praxis zu kommen.

Die abgeleiteten allgemeinen Beziehungen, die unter der Voraussetzung einer nicht gerichteten Veränderlichkeit des Erzkörpers erhalten wurden, behalten ihre Gültigkeit auch bei anderen Veränderlichkeitstypen.

Diese wirken sich lediglich auf die elementare Vorrats-„zelle" aus. Die Proportionen der Beziehungen bleiben als Richtwerte bestehen.

Zusammenfassung

Es wird beim „zufälligen" Veränderlichkeitstyp als Maßstab für den Untersuchungsgrad des Vorratsteiles einer Lagerstätte, die bergmännisch erkundet wurde (unter der unbedingten Voraussetzung, daß Erkundungsgrad und Erforschungsgrad identisch sind), ein Koeffizient (k) als Quotient aus Vorratsfläche und Auffahrung (F/L) vorgeschlagen. Diese Koeffizienten sind in ihren Absolutwerten abhängig vom Veränderlichkeits- und Mineralisationstyp. Die Größe der Relativwerte von k bestimmt die Einstufung der Vorräte in die Vorratsklassen.

Ein ähnlicher Maßstab des Untersuchungsgrades ist für solche Verhältnisse zu finden, bei denen der Vorrat nur mit Hilfe von Bohrungen untersucht wurde. Anschließend ist die Verbindung zwischen beiden Maßstäben herzustellen. Darüber wird in einer späteren Arbeit zu berichten sein.

Резюме

Для типа ,,случайнй" изменчивости в качестве масштаба степени исследованности (Untersuchungsgrad) части запасов месторождения, разведанного горными работами (при обязательной предпосылке идентичности разведанности и изученности) предлагается коэффициент (к) как частное от деления площади запасов на проходку (F/L).

По их абсолютным значениям эти коэффициенты зависят от типа изменчивости и минерализации. Величина относительных значений ,,к" определяет отнесение запасов к отдельным категориям. Подобный масштаб исследованности надо найти для условий, при которых запасы были исследованы лишь с помощью скважин. В заключение надо установить связь между обоими масштабами. Об этом сообщается в будущей статье.

Summary

A coefficient (k) is proposed as quotient from reserve area and driving (F/L) for the „accidental" type of variability, to serve as a standard for the degree of exploration of the reserve portion of a deposit subjected to mining reconnaissance (under the absolute condition that reconnaissance and exploration degree are identical). In their absolute values these coefficients are dependent on the type of variability and mineralization. The classification of reserves in reserve classes is determined by the amount of relative k values.

A similar standard of the degree of exploration can be found for conditions whose reserves were only explored by drillings. Finally, the two standards are to be combined. This will be dealt with in a subsepuent paper.

Literatur

STAMMBERGER, F.: Über den Erkundungsgrad und die Erforschtheit der Vorräte. — Z. angew. Geol., 8, H. 1, S. 45—46 (1962).
— Zur ökonomischen Bewertung von Lagerstätten nutzbarer Rohstoffe. Bergakademie, 1962, 3, S. 183—184.
Klassifikation der Lagerstättenvorräte fester mineralischer Rohstoffe der DDR (vom 31. 1. 1962). — Z. angew. Geol., 8, H. 11, S. 598 (1962).
Instruktion zur Anwendung der Vorratsklassifikation auf Blei-Zink-Lagerstätten. — Moskau 1954 (russisch).
2. Kali-Instruktion der ZVK vom 9. 1. 1960. — Z. angew. Geol., 6, H. 7, S. 330—336 (1960).
1. Kupfer-Instruktion der ZVK vom 5. 3. 1957. — Z. angew. Geol., 3, H. 5/6, S. 275—280 (1957).

Bemerkungen zur Berechnung und Klassifikation von Dachschiefervorräten[1)]

REINER SCHUBERT, Lehesten

Bei der 1959 von der geologischen Abteilung und der Markscheiderei des Schieferbergbaus durchgeführten Vorratsberechnung einer Dachschiefer-Teillagerstätte des Lehestener Gebietes wurden beträchtliche Vorräte an Rohstein der Klassen B bis C_2 ausgewiesen (Rohstein = der infolge seiner Großstückigkeit, Ebenspaltigkeit usw. bei der Gewinnung anfallende, für die Weiterverarbeitung in den Spalthütten geeignete Teil des Schieferlagers). Diese Berechnung wurde von der Zentralen Vorratskommission (ZVK) und deren Gutachtern geprüft und bestätigt.

Seit demselben Jahre geht auf diesem Grubenfelde der Abbau um, nachdem zuvor durch die Vorrichtung ein Teil der B-Vorräte in die Klasse A_2 übergeführt worden war. Die Abbauergebnisse zeigen nun, daß von den berechneten A_2-Vorräten etwa 50% gestrichen werden müssen (ungeachtet der Abbauverluste durch Sicherheitspfeiler, Schweben u. dgl.). Eine daraufhin durch erfahrene Schieferbergleute vorgenommene kritische Augenbemusterung der als B- und C_1-Vorräte ausgeblockten Lagerpartien ergab, daß von der errechneten Rohsteinmenge dieser Klassen ebenfalls 40—60% abzusetzen sind.

Da im allgemeinen mit einer Ungenauigkeit der Mengenangabe für richtig eingestufte Lagerstättenvorräte der Kategorien A bis C_1 von max. 10% gerechnet wird (STAMMBERGER 1956, 1958), bedeutet das also, daß die Einordnung der Vorräte in diese Kategorien ungerechtfertigt ist.

Bei fast allen Berechnungen von Dachschieferlagerstätten treten — selbst bei vollständiger Erkundung — erhebliche Differenzen zwischen der Menge der errechneten und der tatsächlichen Rohsteinvorräte auf. Die Ursachen hierfür und Möglichkeiten für eine der verbindlichen Klassifikation entsprechende Einstufung von Dachschiefervorräten sollen deshalb im folgenden dargelegt werden.

Die Erkundungsmethodik — auf die hier nicht eingegangen wird — ermöglicht je nach Erkundungsgrad mehr oder weniger detailliert die Bestimmung der für die Vorratsberechnung und -klassifikation erforderlichen Faktoren: der Dimensionen der Vorratsblöcke, der Lagerungsverhältnisse und der Tektonik, der technologischen Eigenschaften des Rohstoffes (insbesondere Schieferungsgrad, Spaltbarkeit), der Qualität des Schiefers (Gehalt an Schwefelkies und bituminöser Substanz, physikal.-technische Eigenschaften) usw.

Die Substanzmenge der Lagerstätte kann also mit genügender Genauigkeit berechnet und entsprechend dem Untersuchungsgrad klassifiziert werden. Grundlage der bisher angefertigten betrieblichen und von der ZVK überprüften und bestätigten Vorratsberechnungen sind jedoch die geologischen Vorräte an Rohstein.

Der Rohsteinanteil der Lagerstättensubstanz hängt ab:

1. von natürlichen Gegebenheiten

a) Klüftigkeit. Die Häufigkeit und das Aushalten von Gesteinspartien, bei denen die Kluftabstände unter den Minimalanforderungen an die Größe der Rohsteinplatten liegen, bestimmen in erster Linie den möglichen Rohsteinanteil einer Lagerstätte.

b) Ebenspaltbarkeit des Gesteins

[1)] Eingang des Manuskripts in der Redaktion: 27. 6. 1962

2. von der Gewinnung

a) Verhältnis der Schräm- und Keilarbeit zur Schießarbeit

b) Sorgfalt der Sortierung und des „Austeilens" (= Aufspalten und Zerlegen zu großer Blöcke)

Die genaue Ermittlung des Rohsteingehaltes einer Lagerstätte oder eines Baufeldes ist nur nach ihrem bzw. seinem Abbau möglich. Meist wird jedoch für Berechnungen nicht der prozentuale Rohsteingehalt an der gesamten hereingewonnenen Masse, sondern das Verhältnis Rohstein:Schutte (= Abfall) = 1:n verwendet. Dieses „Steinverhältnis" ist eine der wichtigsten technisch-wirtschaftlichen Kennziffern des Schieferbergbaus (s. Tab.).

Bewertung von Dachschieferlagerstätten in Abhängigkeit vom Steinverhältnis (empirische Werte)

Rohsteinanteil %	Steinverhältnis	Bewertung
50 u. darüber	1:1 u. besser	Sehr gutes Lager
33	1:2	Gutes „
25	1:3	Mittelmäßiges „
20	1:4	
17	1:5	
	Bauwürdigkeitsgrenze f. Tiefbau	
14	1:6	Geringwert. „
8	1:12	
	Ungefähre Bauwürdigkeitsgrenze für Tagebau	

Für neuerkundete Lagerstätten oder Lagerstättenteile ist nur eine Schätzung des zu erwartenden Steinverhältnisses bzw. Rohsteinanteiles möglich. Hierfür gibt es zwei Wege:

1. Das Übertragen des statistisch ermittelten durchschnittlichen Steinverhältnisses von in Abbau befindlichen benachbarten Lagerstätten bzw. Baufeldern auf die neuerkundete Lagerstätte bzw. Teillagerstätte. Voraussetzung hierfür ist weitgehende Übereinstimmung im tektonischen Bau. (Die großen Differenzen zwischen errechneten und tatsächlichen Rohsteinmengen bei der oben dargelegten Vorratsberechnung beruhen hauptsächlich auf dem schematischen Übernehmen des Steinverhältnisses von benachbarten, aber abweichend gebauten Lagerstättenteilen auf die berechneten. Die Abweichungen bestehen in der Intensität der Schuppung, in den Schichtmächtigkeiten und dem Einfallen.)

2. Die Augenbemusterung. Sie erfordert ziemlich große Erfahrung. Bei der sorgfältigen Bemusterung der durch die bergmännischen Arbeiten geschaffenen Aufschlüsse (streichende Strecken, Querschläge, Überhauen) der neuerkundeten Lagerstätte muß besonders auf die das Steinverhältnis in erster Linie bestimmenden Klüftigkeitsverhältnisse geachtet werden. Durch Vergleich des dabei gewonnenen visuellen Eindrucks mit dem von Baufeldern mit bekanntem Rohsteinanteil kann das Steinverhältnis ungefähr eingeschätzt werden.

Eine theoretisch denkbare Ermittlung des Steinverhältnisses durch in bestimmten Abständen vorzunehmendes Herausschießen von Probematerial liefert wegen der stark zertrümmernden Wirkung beim Schießen „aus dem Zwang" keine brauchbaren Ergebnisse.

Die Ungenauigkeit der Bestimmung des Rohsteinanteils ist bei beiden angewandten Methoden etwa gleich groß und beträgt — soweit es sich jetzt beurteilen läßt — im Mittel $\pm 25-30\%$. (Die systematische Erfassung der geförderten Rohstein- und Schuttemengen wird erst seit wenigen Jahren auf sämtlichen Gruben vorgenommen.)

Die Ermittlung der Rohsteinvorräte erfolgt also strenggenommen nicht durch Berechnung, sondern durch eine mehr oder weniger genaue Schätzung. Entgegen der bisherigen Auffassung ist deshalb die Einordnung der Rohsteinvorräte in die Klassen $A-C_1$ nicht zu vertreten.

Die Grundlage einer Klassifikation von Dachschiefervorräten entsprechend den Richtlinien können bilden:

1. Die Vorräte an Rohstein wie bisher, die jedoch selbst bei hohem Erkundungsgrad (entsprechender Erforschungsgrad vorausgesetzt) nur in die Klasse C_2 eingestuft werden dürften.

Vorteil:

Betrieb und staatliche Planung haben sofort die Übersicht über die eigentliche Rohstoffbasis für die Dachschieferproduktion.

Nachteile:

a) Die große Ungenauigkeit der Mengenangabe der Rohsteinvorräte steht in keinem Verhältnis zur Genauigkeit der Berechnung der ausgeblockten Lagerstättensubstanz sowie zur sonstigen Erforschtheit der Lagerstätte.

b) Durch die Einstufung aller Vorräte in die Klasse C_2 wird nicht ersichtlich, wo und in welchem Umfange noch Erkundungsarbeiten durchgeführt werden müssen.

c) Im Gegensatz zu den in der Klassifikation festgelegten Bestimmungen müßten die Betriebsproduktionspläne, die Projekte für den Bau von Betriebsanlagen, die Anforderungen von Investmitteln usw. auf C_2-Vorräten basieren. Die Klassifikation verlöre in diesem Falle ihre Bedeutung als „ordnendes und organisierendes Prinzip für den Betrieb und die gesamte Volkswirtschaft" (STAMMBERGER 1958).

2. Die Vorräte an ausgeblocktem Lagergestein (Dachschieferrohgut nach dem Sprachgebrauch des VEB Geologische Erkundung West, Betriebsabteilung Jena).

Vorteile:

a) Die Vorratsmenge an Lagergestein läßt sich mit genügender Genauigkeit bestimmen.

b) Entsprechend dem Untersuchungsgrad sind eine differenzierte Einstufung der Vorräte und damit Rückschlüsse auf den Stand der Erkundung möglich.

c) Die in der Klassifikation festgelegten Bestimmungen über die volkswirtschaftliche Bedeutung der Vorräte können vollinhaltlich angewandt werden.

Nachteile würde diese Klassifikationsmöglichkeit nicht aufweisen. Sie sollte deshalb m. E. unbedingt vorgezogen werden.

Das Lagergestein wird hierbei als Rohstoff aufgefaßt, dessen wertvolle Komponenten der Rohsteinanteil und — z. Z. noch von untergeordneter Bedeutung — die bei der Gewinnung anfallende Schutte (die bereits im VEB Thüringer Schiefergruben Unterloquitz zur Porensintererzeugung verwendet wird) sind. Die Berechnung der Vorräte des Rohstoffes Lagergestein — die allein Ausgangspunkt für die Klassifikation sein kann — muß natürlich durch die Ermittlung der Vorräte der wertvollen Komponente Rohstein ergänzt werden.

Es ist eine Aufgabe der ZVK, in Zusammenarbeit mit der Schieferindustrie und dem VEB Geologische Erkundung West (Betriebsabteilung Jena), in der auszuarbeitenden Dachschieferinstruktion das hier behandelte Problem und andere Fragen der Klassifikation von Dachschiefervorräten endgültig zu klären.

Zusammenfassung

Die bisher angefertigten Dachschiefervorratsberechnungen basieren auf den Vorräten an Rohstein. Es wird gezeigt, daß die Rohsteinvorräte nur geschätzt werden können und deshalb unabhängig vom Untersuchungsgrad nur in die niedrigste Vorratsklasse eingestuft werden dürfen. Grundlage einer exakten Vorratsberechnung und differenzierten Klassi-

Zeitschrift für angewandte Geologie (1962) Heft 11

fikation sollten darum nach Meinung des Verf. die Vorräte an Lagergestein (Dachschieferrohgut) sein.

Резюме

Проведенные до сих пор подсчеты запасов кровельных сланцев основываются на запасах сырого камня. Показывается, что запасы сырого камня могут быть лишь оценены и поэтому их следует отнести к самой низкой категории запасов, независимо от исследованности.

По мнению автора, запасы сырого материала для производства кровельных сланцев должны быть основой точного подсчета запасов и дифференцированной классификации.

Summary

Roofing slate reserves so far calculated are based on raw stone reserves. It is shown that these can only be estimated and, therefore, must be assigned to the lowest reserve class, independent of the degree of exploration. Therefore, in the author's opinion reserves of deposit rocks (roofing slate raw material) should be the basis of an exact reserve calculation and differentiated classification.

Literatur

STAMMBERGER, F.: Einführung in die Berechnung von Lagerstättenvorräten fester mineralischer Rohstoffe. — Berlin 1956.

— Einige Bemerkungen zur Diskussion über die Vorratsklassifikation. — Z. angew. Geol., 4, H. 4, S. 157–161, Berlin 1958.

Zur Genese der Augensalze im Zechstein der Deutschen Demokratischen Republik[1]

JOACHIM LÖFFLER, Halle

(Mitteilung aus dem VEB Geologische Erkundung West, Halle)

In neueren Publikationen, unveröffentlichten Diplomarbeiten und Berichten kommt des öfteren zum Ausdruck, daß innerhalb der Schichtenfolge des Zechsteins offensichtlich Hiaten und (Ablaugungs-?) Diskordanzen vorhanden sind. Gleichermaßen wird deszendenten Vorgängen erhöhte Beachtung geschenkt. Verf. geht in der vorliegenden Arbeit zunächst auf solche Fakten, denen sicherlich mehr Bedeutung zukommt, als ihnen bisher in Einzelfällen beigemessen wurde, kurz ein und berichtet dann über eigene Beobachtungen zum Problem der Augensalze, die genetische Schlußfolgerungen erlauben.

Deszendenzen und Hiaten

Deszendente Bildungen sind im deutschen Zechsteinsalinar, insbesondere im Kalisalzflöz Staßfurt, schon 1907 von H. EVERDING angenommen worden. Zwar zeigten die Ergebnisse der zunehmenden speziellen Untersuchungen nach und nach, daß die aufgestellten Theorien teilweise unhaltbar sind, doch wurden Deszendenzen auch in späterer Zeit immer wieder festgestellt.

Hiaten, die in anderen Sedimentfolgen unbestritten sind, blieben bisher im Zechsteinsalinar weitgehend unbeachtet, was zum Teil auf die leichte Rekristallisierbarkeit der Salze und auf das vielfache Fehlen genauerer feinstratigraphischer Aufnahmen der einzelnen Schichtenfolgen zurückzuführen ist.

G. RICHTER-BERNBURG (1955) gibt an, daß es bisher an Beweisen mangelt, um zu entscheiden, ob umfassende Wiederauflösungen im deutschen Zechsteinsalinar stattgefunden haben, doch sind diese möglich, da rezente analoge Beispiele genügend bekannt sind. Echte Schichtdiskordanzen treten jedenfalls nach den bisherigen Erfahrungen in den Zechsteinsalinaren nicht auf. Aber er sieht unter Umständen „in sog. Korrosionsrinnen im Hauptanhydrit mit eigenartiger Schrägschichtung“ einen derartigen Beweis.

Nach H. BORCHERT (1959) sind lokale Umlösungen und Deszendenzen durchaus möglich, doch hält er solche in größerem Ausmaß für wenig wahrscheinlich, da die Verschiebungen der Strandlinien nicht so bedeutend gewesen seien, wie vielfach angenommen wird, d. h., die dafür erforderlichen großen synsedimentären Beckensenkungen fehlen.

Die Deutung z. B. der Entstehung des gesamten Leine-Steinsalzes als deszendente Bildung aus dem ehemaligen Staßfurt-Steinsalz oder anderen Steinsalzen ließ sich durch neuere Untersuchungen — insbesondere durch die Bromgehaltsbestimmungen — nicht bestätigen. Hierfür verdient die Arbeit von G. SCHULZE (1960) besondere Beachtung.

Andererseits stellte W. HERDE (1955) im Zechstein 3 fünf „stratigraphisch fixierte Deszendenzflächen“ fest. Normales Steinsalz wurde bis auf einen anhydritischen Rückstand aufgelöst und später über der Lösungsfläche wieder abgeschieden.

Für das Aller-Steinsalz jedoch besteht nach G. SCHULZE (1960) auf Grund der Bromgehalte und verschiedener anderer Faktoren, z. B. Reinheit des Aller-Steinsalzes, Fehlen eines sulfatischen Fußes an der Basis des Aller-Zyklus usw., die Möglichkeit einer deszendenten Bildung.

Weiterhin zeigt sich, daß geologische Aufnahmen verschiedener Verfasser, ohne daß diese selbst darauf eingegangen sind, hinsichtlich dieses Problems auswertbar sind. Nicht zuletzt tragen die in zunehmendem Maße durchgeführten, oft minutiösen feinstratigraphischen Aufnahmen, z. B. im Hauptanhydrit, im Leine-Steinsalz usw., dazu bei, Unregelmäßigkeiten im Sedimentationsablauf festzustellen.

1. So hat A. BAAR (1944/1945) im Grubenfeld des Kaliwerkes „Thomas Müntzer“ (ehemals Bismarckshall) festgestellt, daß die Entfernungen bestimmter Steinsalzleitbänke bzw. Leithorizonte zum Tonanhydrit (Deckanhydrit) in verschiedenen Bereichen der Grube variieren. Wenn auch die geringeren Mächtigkeiten des Lagerhorizontes A zwischen der Leitbank I und dem Tonanhydrit über Hartsalzgebieten gegenüber Carnallitgebieten mit einem Volumenschwund bei der sekundären Bildung des Hartsalzes aus Carnallitgestein erklärt werden können, so erscheint es doch auf Grund der geologischen Profile von A. BAAR auffällig (Abb. 1), daß die Leitbank I im „Profil B“, westlicher Abschnitt, fast unmittelbar an den Deckanhydrit stößt. Das heißt aber, zumal die Leitbänke I und III in allen Profilschnitten unabhängig von der faziellen Ausbildung parallel verlaufen, daß es in diesem Falle nicht ausgeschlossen ist, daß neben den vorerwähnten sekundären Mächtigkeitsreduzierungen des

[1] Nach einem Vortrag, gehalten am 24. 11. 1961 in Magdeburg anläßlich der 5. Kaligeologenzusammenkunft der Staatlichen Geologischen Kommission. — Eingang des Manuskripts in der Redaktion: 2. 7. 1962

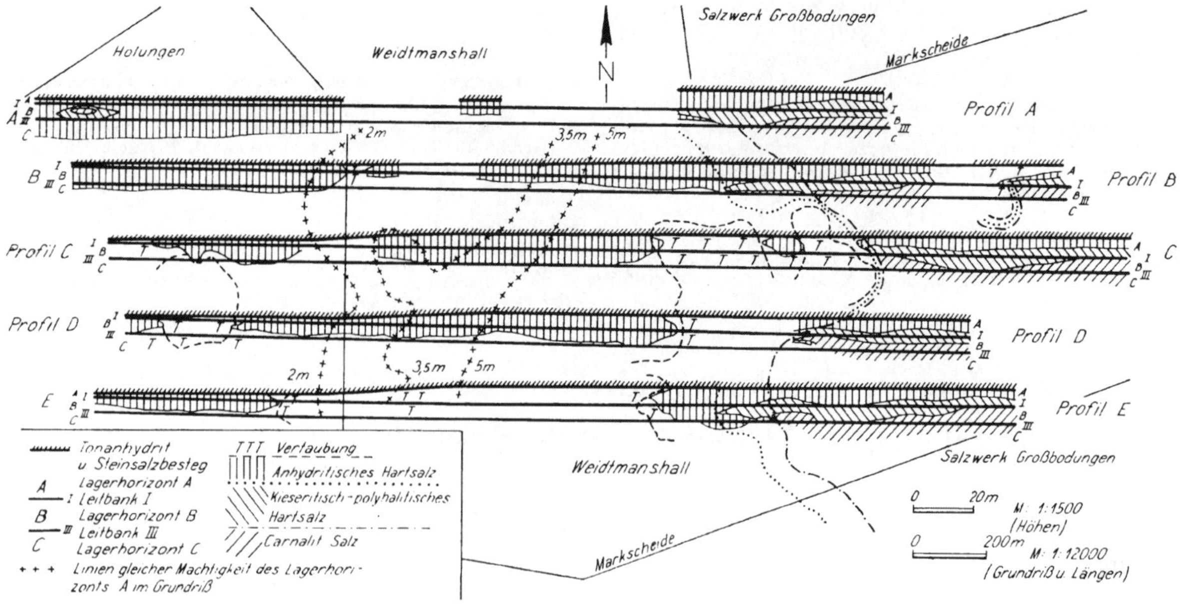

Abb. 1. Schematische Profile durch das Grubenfeld „Thomas Müntzer“ (nach A. BAAR 1944/1945)

Lagerabschnittes A über der Leitbank I noch zusätzlich eine Art diskordanter Überlagerung einer synsedimentär angelaugten Kalisalzoberfläche durch den Deckanhydrit vorliegt. Inwieweit eine derartige mögliche synsedimentäre Ablaugung Einfluß auf das darunterliegende Kalisalzlager nehmen konnte (Bildung sekundärer, aber synsedimentärer Vertaubungen bzw. entsprechender Hartsalze), kann hier nicht entschieden werden, obwohl diese Frage für die Genese des Kalisalzflözes Staßfurt von weittragender Bedeutung sein kann.

2. Als weiteres Beispiel sollen Untersuchungsergebnisse von R. MÖTZING (1960) aus dem Kaliwerk Klein-Schierstedt I/II herangezogen werden. Nach den exakten Ergebnissen MÖTZINGs keilen im Grubenfeld nach und nach verschiedene Steinsalzbänke gegen den Deckanhydrit aus, d. h., die obere Grenze des Kalisalzflözes zum Deckanhydrit wird lokal von der Steinsalzbank O, an anderen Stellen lokal von den Steinsalzbänken P und Q usw. gebildet. R. MÖTZING konnte feststellen, daß ein eigentliches Decksteinsalz als solches nicht existiert, sondern daß das vermeintliche Decksteinsalz jeweils verschiedene Steinsalzbänke sind, die an anderen Stellen der Grube Klein-Schierstedt z. T. noch von Kalisalzschichten oder dessen Äquivalenten (kaliumfreier, stark anhydritisch-toniger Besteg) normal überlagert werden. Auch hier könnten diese Beobachtungen bedeuten, daß das Kalisalzflöz Staßfurt synsedimentär z. T. wieder aufgelöst wurde und sich über der Ablaugungsfläche schwach diskordant die Schichtenfolge des Deckanhydrits und Grauen Salztones ablagerte. Dagegen sind die von U. MARR (1957) in Schierstedt vermuteten Ablaugungen vom Hangenden her, die bis 4 m betragen sollen, durch die neueren Untersuchungen von R. MÖTZING (1960), I. KNAK (1960) und J. LÖFFLER (1960) in diesem Ausmaße nicht bestätigt worden. Gleichzeitig sei aber darauf hingewiesen, daß am Staßfurter Sattel die Hangendgrenze des Flözes Staßfurt auch nicht einheitlich ausgebildet ist. Hierfür wird aber eine unterschiedliche Sedimentationszeit verantwortlich gemacht. In der Berlepsch-Maybach-Schachtanlage ist z. B. das Flöz Staßfurt bis zur Leitbank O (= Berlepschbank) vorhanden, in Neustaßfurt, d. h. in Richtung nach NW, bereits bis zur Bank P. In Westeregeln schließt sich daran noch die sog. Egeln—Tarthuner Zone an, eine etwa 5—10 m mächtige Serie aus einer Wechsellagerung von Steinsalzbänken und Zwischenmitteln.

Erklärt man hier die unterschiedliche Sedimentationshöhe mit dem „regressiven“ Charakter des Zechsteinmeeres nach Norden, so liegt der Schluß nahe (als Ergebnis einer Diskussion mit I. KNAK), im benachbarten Schierstedter Gebiet in Analogie dazu die gleiche Genese annehmen zu können. Erklärt man dagegen diese unterschiedliche Hangendgrenze in Schierstedt durch synsedimentäre Ablaugung, was nach den exakten Untersuchungen MÖTZINGs wahrscheinlich ist, muß man unter Umständen auch die uneinheitliche Ausbildung der Hangendgrenze am Staßfurter Sattel als anders entstanden betrachten.

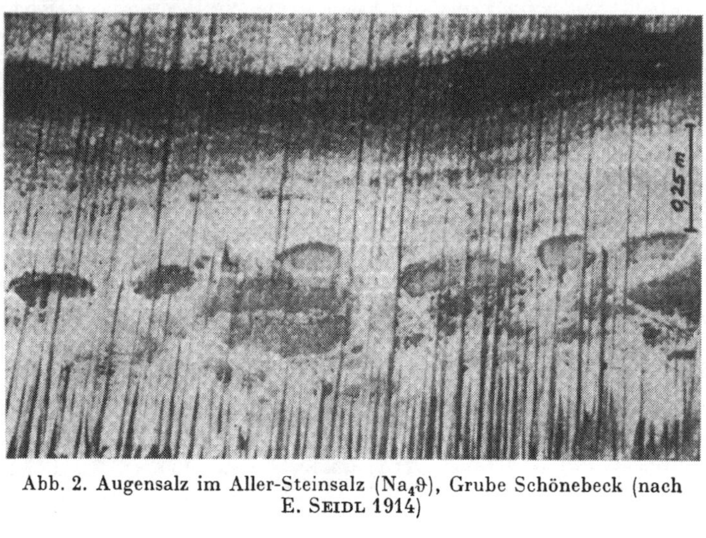

Abb. 2. Augensalz im Aller-Steinsalz ($Na_4\vartheta$), Grube Schönebeck (nach E. SEIDL 1914)

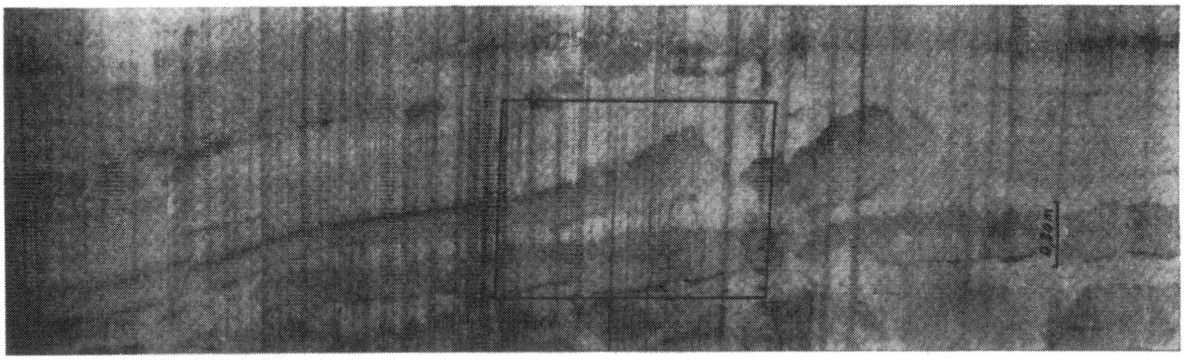

Abb. 3. Übergang zum Augensalz ($Na_4\vartheta$), Grube Schönebeck, 414,5-m-Sohle, Solfeld III (Foto: M. STEINBEISS)

3. Im Südharz-Kalisalzgebiet treten im Kalisalzflöz Staßfurt einige tonige Löser auf, deren Mächtigkeit lokal anschwellen kann. Auch hier ist zu überprüfen, ob diese Löser ausschließlich Ausdruck unterschiedlicher Sedimentationsbedingungen bzw. Faziesvertretungen sind (Beweise dafür liegen vor) oder ob sie nicht auch z. T. einem echten synsedimentären Auslaugungsrückstand entsprechen, in dem sich die Wiederauflösung bereits sedimentierten Steinsalzes oder Kalisalzes nur noch in Form dieser Löser dokumentiert.

Augensalze

Die in der Literatur öfter erwähnten Augensalze, z. B. im Salzbezirk von Hannover und im alpinen Salz, werden von mehreren Forschern — insbesondere von O. SCHAUBERGER (1955) und O. SCHAUBERGER & R. KÜHN (1959) — ebenfalls als deszendente Bildungen aufgefaßt. Ausschlaggebend für eine derartige Deutung der Genese waren neben den Texturverhältnissen usw. die unterschiedlichen Bromgehalte in den Salzaugen und in den Zwischenmitteln.

Nach O. SCHAUBERGER & R. KÜHN (1959) weist „der in der Regel höhere Bromgehalt der alpinen Salzaugen sie als Salzgestein eines höheren Eindunstungsstadiums aus, das jetzt in einem solchen einer niedrigeren Konzentrationsstufe eingeschlossen ist. Es handelt sich demnach um Fragmente von Steinsalzschichten, die — vielleicht schon ursprünglich grobspätig ausgebildet — mehr durch mechanische Erosion als durch Wiederauflösung zerstört wurden", mit anderen Worten, sie sind „als Relikte aufgearbeiteter, höherer (=hangender) Salzhorizonte gegenüber dem Salz, in dem sie eingebettet liegen, anzusehen".

„Der Habitus der Salzaugen deutet auf Transport, auf Anlaugung und Abrollung unterwegs. Wir haben es bei der großen Mehrheit der Vorkommen mit richtigen Salzgeröllen zu tun und könnten manche Steinsalzbank mit besonders starker Salzaugenanreicherung ohne weiteres als Salzkonglomerat bezeichnen."

Auch im deutschen Zechsteinsalz wurde typisches Augensalz festgestellt, und zwar „eine ziemlich horizontbeständig verbreitete ‚Orangeaugensalzbank' im Gamma-Liniensalz der Leine-Serie sowie — etwas aufgelockerter in der Verteilung — in der liegenden Partie des Banksalzes. Die wenigen bisher untersuchten Augen haben das gleiche ergeben wie in den alpinen Salzen, nämlich erheblich höhere Bromgehalte als das umgebende, feinkristalline Salz" (O. SCHAUBERGER & R. KÜHN 1959). Nach R. KÜHN & W. SCHWERDTNER (1959) läßt die große durchgängige Verbreitung der Trümmersalze auf „ausgedehnte Deszendenzvorgänge im Zechsteinmeer zu dieser Zeit schließen". Die gute Sortierung gäbe Hinweise auf weite Transportwege, wobei die Trümmer in der konzentrierten Mutterlauge „fast schwebend" verfrachtet worden sein müßten.

Im Gebiet der DDR treten Augensalze z. B. in den Salinengruben Schönebeck (im Staßfurt- und Aller-Steinsalz) und Plömnitz auf (in der Grube Plömnitz ist der Augensalzhorizont leitend für bestimmte Bereiche des Staßfurt-Steinsalzes). Beide Gruben werden z. Z. von G. GÄRTITZ (Diplomarbeit) bearbeitet, wobei auch die sogenannten Flockensalze aus dem Flöz „Hessen" im Werragebiet, an deren fließtektonischer Entstehung wenig Zweifel bestehen, untersucht werden.

Salinengrube Schönebeck

Aller-Steinsalz

Bereits E. SEIDL (1914) hat im Bereich des Aller-Steinsalzes drei leitende Augensalzhorizonte ($Na_4\vartheta$) festgestellt, auf deren Genese er jedoch nicht eingegangen ist. Sie liegen etwa 1,5—2,5 m unter der Hangendgrenze des Aller-Steinsalzes (Abb. 2). Die „semmelförmigen" oder „brotlaibartigen" Kristallsalzindividuen (Salzaugen) sind teilweise von Tonhäutchen umgeben, teilweise sind sie vollkommen rein und unterscheiden sich von den „Zwischenmitteln" nur durch die Struktur. FÜRER (1914) beschreibt diese wasserklaren oder milchigtrüben Einkristalle (Salzaugen) als „große flache Kristallsteinsalzstücke in einer oder mehreren Lagen". Die Trübung wird durch zahlreiche im Stück verteilte kleinere Kristalle hervorgerufen. Zur Genese bemerkt FÜRER (1914), daß es sich unter Umständen um posthume Bildungen handelt und „im Grunde genommen die Salzaugen nichts anderes als besonders groß gewordene Einzelindividuen eines normalen Steinsalzes sind".

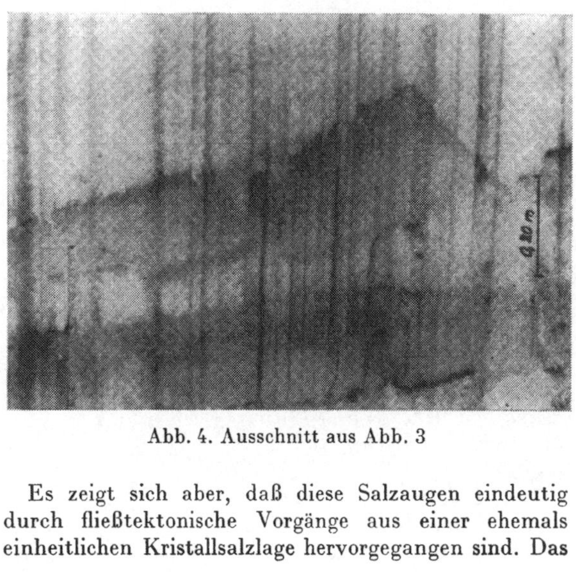

Abb. 4. Ausschnitt aus Abb. 3

Es zeigt sich aber, daß diese Salzaugen eindeutig durch fließtektonische Vorgänge aus einer ehemals einheitlichen Kristallsalzlage hervorgegangen sind. Das

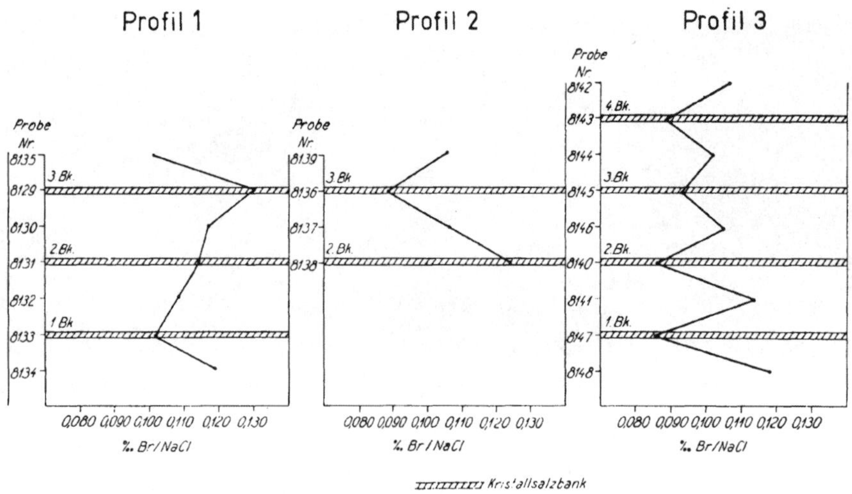

Abb. 5. Bromgehalte des Augensalzes im Aller-Steinsalz, Grube Schönebeck, 414,5-m-Sohle (vgl. Abb. 6)

heißt, durch das Abwandern des Salzes in Richtung geringeren Druckes entstand Zerrsalz im Sinne von E. SEIDL (1914), und die ehemals kompakten Kristallsalzaugen sind zerbrochen und durch die Fließvorgänge auseinandergedriftet. Zwischen die Kristallsalzaugen ist daraufhin gleichzeitig kristallines Steinsalz der „Zwischenmittel" eingeflossen.

Auf der 414,5-m-Sohle, Solfeld III (Abb. 3 und 4), war zu erkennen, daß die Salzaugenbildung kontinuierlich und mit allen Übergängen vor sich geht (auf diesen wohl einmaligen Aufschluß wurde Verf. von G. PRIMKE, W. REICHENBACH und G. GÄRTITZ hingewiesen). Auf Abb. 3 sind außerdem Ausdünnungen einer Kristallsalzbank sichtbar, die einen weiteren Beweis für fließtektonische Vorgänge darstellen.

Die Untersuchungen von GÄRTITZ werden im Grubenfeld u. a. die Beziehungen zwischen der Intensität der Salztektonik und dem Grad der „Augensalzbildung" klären helfen. Die Kristallsalzlagen bildeten sich jedenfalls zeitlich vor dem Einsetzen der Fließtektonik. Ihre Entstehung als Kristallsalzlage soll hier nicht erörtert werden. Es erscheint nicht ausgeschlossen, daß synsedimentäre (unter Umständen auch Deszendenzen) und diagenetische Vorgänge beteiligt waren.

An drei Stellen wurden auf der 414,5-m-Sohle der Grube Schönebeck Proben zur Untersuchung der Bromgehalte entnommen (Profile 1—3, Abb. 5). Die Analysen zeigten, daß (sehr ausgeprägt bei Profil 3) der Bromgehalt in den Kristallaugen wesentlich niedriger ist als in den Zwischenmitteln (Abb. 6 und Tab. 1).

Daraus ergeben sich eindeutig Unterschiede zu den in Westdeutschland und im Alpengebiet untersuchten Augensalzen. Nach R. KÜHN (briefliche Mitteilung) „deuten die relativ niederen Bromwerte im Kristallsalz auf sekundäre, nasse Umkristallisation". Dagegen weisen die „angenähert runden bis elliptischen, abgewaschen erscheinenden ungeschwänzten Augen gegenüber dem umgebenden feinkörnigeren Salz einen höheren Bromgehalt auf" und werden entsprechend als deszendente Bildungen aufgefaßt.

Die Proben wurden auf ‰ Br/NaCl untersucht. Die Bromanalyse wurde nach der von J. D'ANS & P. HÖFER verbesserten jodometrischen Methode von VAN DER MEULEN und die Chloridbestimmungen nach der argentometrischen Titration von MOHR durchgeführt. Den Steinsalzgehalt der Proben ermittelten die Bearbeiter rechnerisch über den Chloridgehalt.

Tab. 1. Bromgehaltsbestimmungen im Augensalz des Aller-Steinsalzes der Salinengrube Schönebeck

(Bearbeiter: Dipl.-Min. H. FUCHS & J. SCHRAMEIER, Zentrales Geologisches Institut der Staatlichen Geologischen Kommission, Berlin)

Profil 1	Profil 2	Profil 3
		8142 ZM 0,107
		8143 4. Bk. 0,089
8135 ZM 0,102	8139 ZM 0,106	8144 ZM 0,102
8129 3. Bk. 0,130	8136 3. Bk. 0,089	8145 3. Bk. 0,093
8130 ZM 0,117	8137 ZM 0,106	8146 ZM 0,105
8131 2. Bk. 0,115	8138 2. Bk. 0,125	8140 2. Bk. 0,086
8132 ZM 0,109		8141 ZM 0,114
8133 1. Bk. 0,102	nicht vorhanden	8147 1. Bk. 0,086
8134 ZM 0,119		8148 ZM 0,118

ZM — Zwischenmittel, Bk — Kristallsalzbank (Salzaugen)
Profil 1: Solfeld I (s. Abb. 6)
Profil 2: „Querprofil 4" (s. Abb. 6)
Profil 3: II. nördliche Teilstrecke (s. Abb. 6)

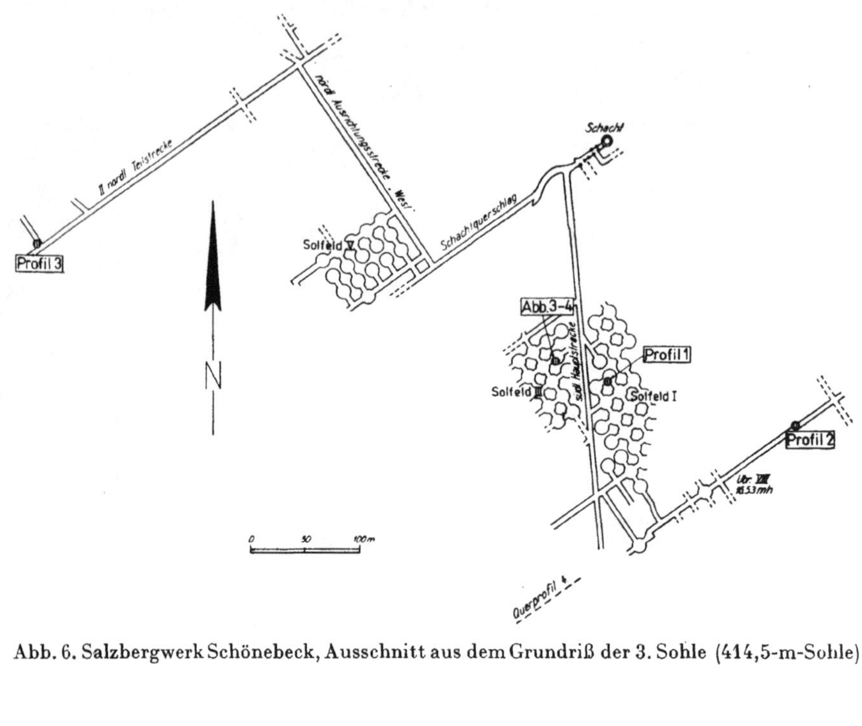

Abb. 6. Salzbergwerk Schönebeck, Ausschnitt aus dem Grundriß der 3. Sohle (414,5-m-Sohle)

Abb. 7. Augensalz im Staßfurt-Steinsalz (Na_2), Grube Schönebeck, 414,5-m-Sohle, Solfeld V (Foto: M. STEINBEISS)

Staßfurt-Steinsalz

In der Salinengrube Schönebeck treten im höheren Teil des Staßfurt-Steinsalzes ebenfalls Augensalze auf. Diese Salzaugen haben wesentlich geringere Dimensionen als die Augen im $Na_4\vartheta$ und eine andere Lagentextur (Abb. 7). Da hier das Steinsalz auf Grund seiner dunkleren Färbung und Unreinheit einwandfrei als Zerrsalz im Sinne von E. SEIDL (1914) angesehen werden kann, kann man folgern, daß ehemals zusammenhängende, wenn auch geringmächtigere Kristallsalzlagen durch die fließtektonischen Bedingungen zu Salzaugen umgebildet wurden.

Solbergwerk Plömnitz

Im höheren Teil des Staßfurt-Steinsalzes im Solbergwerk Plömnitz, besonders gut aufgeschlossen im Hauptquerschlag auf der 1. Sohle nach Süden, kommen ebenfalls — und zwar horizontgebunden — Augensalze vor. Sie ähneln in ihrem Gefüge, in ihrem Aussehen usw. etwa denen im Staßfurt-Steinsalz von Schönebeck. G. RICHTER-BERNBURG (1955) deutet diese Augensalze („Kristallbrockensalze") als Trümmersalze, die durch die „frühdiagenetische Zerstörung von Kristallsalzbänken" entstanden. Offenbar seien es „keine Augensalze tektonischer Entstehung" (Abb. 8).

Tab. 2. Bromgehaltsbestimmungen im Augensalz des Staßfurt-Steinsalzes der Salinengrube Plömnitz

(Bearbeiter: Dipl.-Geol. U. MARR & J. SCHRAMEIER, Zentrales Geologisches Institut der Staatlichen Geologischen Kommission, Berlin)

	%NaCl	% Br	‰Br/NaCl		%NaCl	% Br	‰Br/NaCl
P 1	93,0	0,0105	0,113	P 11	93,5	0,0098	0,105
P 2	95,9	0,011	0,115	P 12	96,2	0,012	0,125
P 3	93,5	0,011	0,118	P 13	97,0	0,0125	0,120
P 4	95,3	0,0115	0,121	P 14	95,9	0,011	0,115
P 5	93,5	0,011	0,118	P 15	96,2	0,0103	0,106
P 6	95,3	0,011	0,115	P 16	95,9	0,011	0,115
P 7	90,0	0,011	0,122	P 17	96,2	0,015	0,156
P 8	91,2	0,011	0,121	P 18	96,2	0,0103	0,107
P 9	90,6	0,012	0,132	P 19	97,0	0,011	0,113
				P 20	90,0	0,011	0,122
P 10	91,2	0,012	0,132	P 21	96,2	0,0087	0,090

Probe 1–20: 1. Sohle, 3. Abteilung Westen
Probe 21: 1. „ 6. „ Osten
Probe 1– 9: Zwischenmittel
Probe 10–21: Kristallsalzaugen

Die Bromgehalte der Salzaugen und der Zwischenmittel des Augensalzes des Staßfurt-Steinsalzes von Plömnitz weisen gegenüber denen des $Na_4\vartheta$ von Schönebeck Unterschiede auf. Ist in Schönebeck der Bromgehalt in den Salzaugen im wesentlichen niedriger als in den Zwischenmitteln, so schwanken im Na_2 von Plömnitz die Bromwerte der „Augen" in weiten Grenzen. Die Gehalte liegen sowohl unter als auch über den Gehalten der Zwischenmittel, die an einen relativ engen Bereich geknüpft sind (Abb. 9a und Tab. 2). Im übrigen zeichnen sich die Salzaugen durch einen höheren NaCl-Gehalt als die Zwischenmittel aus (Abb. 9b).

Da im Gebiet von Bernburg in stärkerem Maße Salzwanderungen im salinaren Teil des Zechsteins stattgefunden haben — und zwar in südlicher Richtung — (P. WOLDTSTEDT 1924, E. FULDA 1934, R. HERRMANN 1940), ist der Verfasser — ungeachtet der Bromwerte — der Meinung, daß sich ehemals zusammenhängende Kristallsalzlagen im Staßfurt-Steinsalz ebenfalls wie in Schönebeck auf Grund der Fließtektonik zu Augensalz umgebildet haben. Auch hier ist jedoch ungeklärt, ob die Ursache für die Entstehung der Kristallsalzlagen die primären (deszendenten?) Sedimentationsbedingungen oder diagenetische Prozesse waren. Eine deszendente Bildung der Augensalze als Gefügeeinheit ist allerdings wenig wahrscheinlich.

Schlußfolgerungen

Aus der Salinengrube Schönebeck sind Beweise für fließtektonische Vorgänge vorhanden, so daß z. B. für die Genese der Augensalze keine komplizierten paläogeographischen Konstruktionen notwendig sind. Da auch im Na_2 von Schönebeck und Plömnitz Beweise für Salzwanderungen und Fließgefüge deutlich erkennbar sind, kommt Verf. zu der Auffassung, daß auch hier fließtektonische Gefügebilder in Form der Augensalze vorliegen. R. KÜHN (briefliche Mitteilung, 1960) erwähnt als wichtiges Argument für die von O. SCHAUBERGER vertretene Genese der Salzaugen als echte Gerölle neben den Bromgehalten insbesondere, daß diese Augen ungeschwänzt sind und daß „rein tektonische Augen — wenigstens hier und da einmal — geschwänzt sein sollten".

In Schönebeck wurde jedoch festgestellt, daß in den Kristallsalzlagen des Aller-Steinsalzes die Klüftung eine besondere Rolle spielt, da sie das Auseinander-

Abb. 8. Augensalz („Kristallbrockensalz") im Staßfurt-Steinsalz (Na_2), Grube Plömnitz (nach G. RICHTER-BERNBURG 1955)

driften einzelner Kristallsalzaugen erleichtert und die Form der Augen vorbestimmt.

Für die Augensalze der westdeutschen Salzstöcke, deren Entstehung man vor allem auf Grund der viel intensiveren inneren Tektonik auf fließtektonische Vorgänge hätte zurückführen können, müssen nach W. SCHWERDTNER (1962) andere Bildungsbedingungen angenommen werden:

„Eine mechanische Umbettung der Augen am Meeresboden, verbunden mit Sedimentumlagerungen, kann im Bereich der Salzhorste bei Hannover und Celle ausgeschlossen werden, da die streng parallele Anordnung der tonigen Linien ein Fehlen derartiger Vorgänge anzeigt. In den Linien des Banksalzes im Höferschen Salzstock finden sich nur selten Augen direkt in den Linien, sondern meist in Abständen einiger Meter, im Gegensatz zu den Verhältnissen im γ-Liniensalz des Ronnenberg-Feldes. Dieser Befund schließt die Möglichkeit aus, daß die Augen ehemals zusammenhängende schichtparallele Lagen oder Spaltenfüllungen waren, die bei der Salzdeformation in Stücke aufgelöst wurden. Selbst bei einer starken Längung des Gesteins parallel zu den Schichtflächen ist nicht zu erwarten, daß die Augen nach Zerreißen in Abstände von mehreren Metern gebracht werden, während gleichzeitig die Augen im angrenzenden reinen Salz Zentimeterabstände beibehalten. Bei so großen Längungsbeträgen würden auch die tonig-anhydritischen Linien, deren Dicke wir in etwa kennen (< 4 mm), nur noch andeutungsweise zu sehen sein. Sie liegen aber in deutlicher Ausbildung und durchschnittlicher Dicke vor."

Andererseits spricht gegen eine Bildung der Salzaugen im Haselgebirge, wie sie von SCHAUBERGER (1955) angenommen wird, aber auch ganz allgemein gegen das Auftreten von Salzkonglomeraten, daß eine Einschwemmung bzw. ein weiter Transport von Steinsalzbrocken in eine — wenn auch gesättigte — Natriumchlorid- oder Magnesiumchloridlauge durch die unterschiedlichen spezifischen Gewichte unmöglich erscheint. Ebenso ist es undenkbar, daß in einer sogenannten spezifisch schweren Salzlauge Tonbrocken nach der Art des Haselgebirges eingeschwemmt werden konnten.

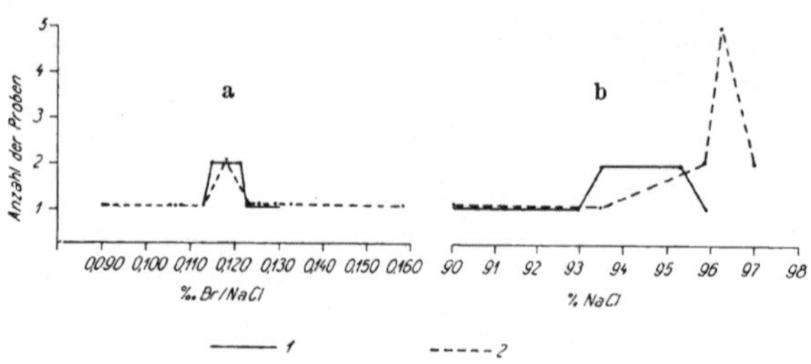

Abb. 9. Brom- und NaCl-Gehalte des Augensalzes im Staßfurt-Steinsalz, Grube Plömnitz, 1. Sohle

1 — Zwischenmittel, 2 — Kristallaugen

Zum anderen besteht aber zwischen dem sogenannten Liniensalz im Haselgebirge und dem Augensalz des Na_2 von Schönebeck eine auffallende Konvergenz, die auch zu gleichen genetischen Schlüssen Veranlassung geben könnte, so daß Verfasser der sekundären, fließtektonischen Genese des Haselgebirges zustimmt, wie sie von H. MAYRHOFER (1955) vertreten wird. Auch hier ist offensichtlich ein ursprünglicher (deszendenter?) Verband von Kristallsalzlagen durch die intensiven tektonischen Vorgänge zerrissen worden.

Zu den unterschiedlichen Bromgehalten zwischen den Salzaugen und den „Zwischenmitteln" ist zu bemerken, daß

1. sowohl im Na_4 von Schönebeck als auch (ausgeprägter) im Na_2 von Plömnitz die Bromgehalte der Salzaugen in weiten Grenzen schwanken, somit nicht eindeutig aussagekräftig sind;

2. von verschiedenen Autoren immer wieder betont wird, daß in umkristallisierten Salzen — dazu gehören offensichtlich auch die Salzaugen — der Bromgehalt irreguläre Werte aufweist, so daß normalerweise derartige sekundären bzw. grobkristallinen Salzbildungen für die normalen Standardprofile nicht verwendet werden sollten.

Aus diesem Grunde ist anzunehmen, daß eine Beziehung zwischen den unterschiedlichen Verhältnissen der Bromgehalte der Augensalze mit den unterschiedlichen primären (deszendenten?) oder diagenetischen Bildungsbedingungen der Kristallsalzlagen und der „Zwischenmittel" besteht. Die derzeitigen Gefügeverhältnisse der Augensalze sind dagegen als entscheidendes Ergebnis der späteren Fließtektonik anzusehen.

Zusammenfassung

In den letzten Jahren durchgeführte genaue feinstratigraphische Aufnahmen ergaben, daß Deszendenzen und Hiaten im deutschen Zechsteinsalinar wahrscheinlich in ausgeprägterem Maße vorhanden sind als bisher angenommen wurde. Nach den Untersuchungen von A. BAAR (1944/1945) und R. MÖTZING (1960) auf den Schachtanlagen „Thomas Müntzer" und „Kleinschierstedt" liegt die Oberkante des Kalisalzflözes Staßfurt jeweils als synsedimentäre Ablaugungsfläche vor. Die Egeln—Tarthuner Zone am Staßfurter Sattel ist daher auch anders als bisher zu deuten.

Für das Augensalz im $Na_4\vartheta$ von Schönebeck konnte einwandfrei fließtektonische Entstehung nachgewiesen werden. Auf Grund von Analogieschlüssen und der von Bernburg bekannten Salzwanderung wird für das Augensalz im Na_2 von Plömnitz ebenfalls fließtektonische Entstehung angenommen.

Die unterschiedlichen Bromgehalte werden auf die primären (deszendenten?) bzw. diagenetischen Bildungsbedingungen der Kristallsalzlagen zurückgeführt und die derzeitigen Gefügeverhältnisse der Augensalze als Ergebnis der späteren Fließtektonik gedeutet.

Резюме

Проведенные в последние годы точные тонкостратиграфические съемки показали, что опускания и пробелы в соляных отложениях немецкого цехштейна встречаются, по-видимому, в более выраженной мере, чем предполагалось до сих пор. По исследованиям А. БААРА (1944—1945 гг.) и Р. МЕТЦИНГА (1960 г.), проведенным на шахтах им. „Томас Мюнцер" и „Клейнширштедт", верхняя граница калийного пласта „Штасфурт" встречается как синосадочная плоскость отщелачивания. Поэтому зону Эгельн—Тартун у Штасфуртской седловины надо интерпретировать по-иному, как это делалось до нынешнего времени.

Для прозрачной каменной соли в $Na_4\vartheta$ около Шенебек удалось надежно доказать флюидально-тектоническое происхождение. На основе аналогии и известной из Бернбурга миграции соли для прозрачной каменной соли в Na_2 около Племниц также предполагается флюидально-тектоническое происхождение.

Различные между собой содержания брома автор приводит к первичным (нисходящим?) или-же диагенетическим условиям образования прослоев кристаллических солей; наблюдаемые в теперешнее время условия строения прозрачных каменных солей автор интерпретирует как результат более поздней флюидальной тектоники.

Summary

Precise fine-stratigraphic records made in the last years have shown that descents and hiatuses probably exist in salt occurrences of the German Zechstein to a major degree than was hitherto supposed. In conformity with investigations made by A. BAAR (1944/1945) and R. MÖTZING (1960) in the „Thomas Müntzer" and „Kleinschierstedt" shafts, the top of the Staßfurt potash salt seam presents itself in each case as an intraformational leaching residue area. Therefore, the Egeln—Tarthun zone of the Staßfurt saddle must be interpreted otherwise than before.

For the eye salt in the $Na_4\vartheta$ of Schönebeck a flow-tectonic genesis could be demonstrated with certainty. Based on analogic conclusions and the salt migration known from Bernburg, a flow-tectonic genesis is also supposed for the eye salt in the Na_2 of Plömnitz.

The different contents of bromine are attributed to the primary (descendant?) and diagenetic conditions of formation respectively, of the crystal salt layers, and the present structural relations of the eye salts are interpreted as a result of subsequent flow tectonics.

Literatur

BAAR, A.: Entstehung und Gesetzmäßigkeiten der Fazieswechsel im älteren Kalilager am westlichen Südharz unter bes. Berücksichtigung des Kaliwerkes Bismarckshall. — Z. Kali, **38**, 10—12 (1944); **39**, 1 (1945).

BORCHERT, H.: Ozeane Salzlagerstätten. — Verl. Borntraeger, Berlin 1959.

— Deszendenz und synsedimentäre Senkung oder primäre Lagerbildung und Metamorphose bei den Kalilagerstätten des Oberrheintalgrabens. — N. Jb. Miner., Abh., **94** (1960).

EVERDING, H.: Zur Geologie der deutschen Zechsteinsalze. — In: Deutschlands Kalibergbau, Festschrift zum 8. allg. deutschen Bergmannstage zu Eisenach, 1907.

FRIEDRICH, K.: Gefüge und Tektonik im Hartsalz des Werragebietes. — Z. deutsch. geol. Ges., **111** (1959).

FULDA, E.: Tektonische Salzwanderungen im Untergrund von Bernburg. — Z. Kali, **28** (1934).

FÜRER, J.: Petrographische Untersuchungen in der Salzlagerstätte des Graf-Moltke-Schachtes bei Schönebeck und genetisch-tektonische Fragen. — Unveröff., Archiv Staatliche Geologische Kommission, Berlin 1914.

— Untersuchungen über die Tektonik der Salzlagerstätte des Moltkeschachtes bei Schönebeck auf petrographischer Grundlage. — Unveröff. Meldearbeit, Archiv Staatliche Geologische Kommission, Berlin.

HERDE, W.: Progressive und deszendente Vorgänge bei der Sedimentation der Riedelgruppe (Zechstein 3). — Z. deutsch. geol. Ges., **105** (1955).

HERRMANN, R.: Die Entstehung der Verdoppelungen des Kalilagers im Gebiet von Staßfurt und Bernburg. — Z. prakt. Geol., **47** (1940).

JUNG, W.: Zur Feinstratigraphie der Werra-Anhydrite (Zechstein 1) im Bereich der Sangerhäuser und Mansfelder Mulde. — Geologie, Beih. 24, Berlin 1958.

KNAK, I.: Feinstratigraphische Aufnahme des Kalilagers Staßfurt auf den Schachtanlagen Neustaßfurt VI/VII, Berlepsch-Maybach und Ludwig II. — Freiberger Forsch.-H., C 90, 1960.

KÜHN, R.: Mineralogische Fragen der in den Kalisalzlagerstätten vorkommenden Salze. — Kali-Symposium, Internat. Kali-Inst., Bern 1955.

KÜHN, R. & W. SCHWERDTNER: Nachweis deszendenter Vorgänge während der Entstehung der Leineserie des deutschen Zechsteinsalzes. — Z. Kali und Steinsalz, H. 11, 1959.

LANGBEIN, R. & G. SEIDEL: Zur Frage des Sangerhäuser Anhydrits. — Geologie, **9**, 7 (1960).

LÖFFLER, J.: Primäre Sedimentationsunterschiede im Zechstein 2 und 3. — Geologie, **9**, 7 (1960).

LOTZE, F.: Steinsalz und Kalisalze. 1. Bd. — Verl. Borntraeger, Berlin 1957.

MARR, U.: Über die Steinsalzleitbänke und die Unstrutbänke sowie die Möglichkeit, beide Schemata zu parallelisieren. — Geologie, **6**, 4 (1957).

MAYRHOFER, H.: Beiträge zur Kenntnis des alpinen Salzgebirges usw. — Z. deutsch. geol. Ges., **105** (1955).

MÖTZING, R.: Mineralogisch-petrographische Untersuchung auf der Schachtanlage II in Giersleben des VEB Kaliwerk Staßfurt, vormals Kaliwerk „Freundschaft", Schierstedt, Schachtanlage I/II. — Unveröff. Diplomarbeit, Mineral. Inst. d. Univ. Jena 1960.

RICHTER-BERNBURG, G.: Über salinare Sedimentation. — Z. deutsch. geol. Ges., **105** (1955).

SCHAUBERGER, O.: Zur Genese des alpinen Haselgebirges. — Z. deutsch. geol. Ges., **105** (1955).

SCHAUBERGER, O. & R. KÜHN: Über die Entstehung des alpinen Augensalzes. — N. Jb. Geol. Paläont., Mh., **6** (1959).

SCHULZE, G.: Stratigraphische und genetische Deutung der Bromverteilung in den mitteldeutschen Steinsalzlagern des Zechsteins. — Freiberger Forsch.-H., C 83, 1960.

SCHWERDTNER, W.: Untersuchungen an dunklen Augensalzen in der Ronnenberg-Gruppe (Zechstein 3) von Hannover. — Kali u. Kalisalz, **3**, 8 (1962).

SEIDEL, G.: Zur Konzeption der Kalierkundung im Thüringer Becken. — Unveröff. Bericht, VEB Geol. Erkundung West, Betriebsabt. Jena, 1960.

SEIDL, E.: Die permische Salzlagerstätte im Graf-Moltke-Schacht in der Umgebung von Schönebeck. — Arch. Lagerstättenforsch., H. 10, 1914.

WOLDSTEDT, P.: Zur Tektonik des Subherzynen Beckens. — Z. deutsch. geol. Ges., **76** (1924).

Die Bedeutung der Karstwässer des oberdevonischen Knotenkalkes für die Wasserversorgung des Ostthüringischen Schiefergebirges[1]

REINHOLD GRÄBE, Jena

(Mitteilung aus dem VEB Geologische Erkundung West)

Einleitung

Das Grundwasserdargebot des Ostthüringischen Schiefergebirges ist naturgemäß sehr gering. Wenn man von den nur lokal verbreiteten Fluß- und Bachschottern und den Zersatzzonen der Quellmulden und Rumpfflächen absieht, sind es nur die relativ spröden und daher stärker zerklüfteten Gesteine, in denen mit nennenswerten Kluftwassermengen gerechnet werden kann (R. GRÄBE 1961). Von diesen Kluftwässern kommt denen im oberdevonischen Knotenkalk eine besondere Bedeutung zu. Durch die kalklösende Wirkung der Niederschlagswässer sind nicht nur die Klüfte und Schichtfugen erweitert, sondern es ist — wie auch in anderen Kalkgesteinen — zur Bildung von Karsthohlräumen gekommen, in denen mit größeren Karstwassermengen zu rechnen ist.

Das Ausmaß der Verkarstung war jedoch bisher unterschätzt und auch den Karstwässern keine größere Bedeutung beigemessen worden. Auf die Karsterscheinungen wurde die Aufmerksamkeit erst durch die bergmännischen Untersuchungsarbeiten gelenkt, die in der Umgebung von Schleiz auf das im Liegenden des Knotenkalkes entwickelte Eisenerzlager durchgeführt wurden. Dort wurden bei den Vortriebsarbeiten mehrfach große und wassererfüllte Hohlraumgeflechte angefahren. Die dabei anfallenden Wassermengen waren zeitweise so groß, daß sie zum Ersaufen der Gruben führten. Diese Schlote, Röhren und anderen Karsthohlformen reichen weit unter das Niveau des Vorfluters und ließen sich noch in der tiefsten, der 120-m-Sohle, nachweisen. Es konnten auch Zusammenhänge zwischen den einzelnen Karstgerinnen und den in der Umgebung auftretenden Karstquellen sowie den allerdings nur selten zu beobachtenden Dolinen festgestellt werden. Die meisten der an der Oberfläche ausgebildeten Karstformen sind aber durch junge Lockergesteine verhüllt bzw. plombiert. Es sind dies pleistozäne Solifluktionsschutte, nicht selten auch Rotlehme und Erzanreicherungen vom Hunsrücktypus. Aus der räumlichen Verbindung mit diesen Relikten der „prätertiären" Rumpffläche (B. v. FREYBERG 1923, O. STREBEL 1955) ist

[1]) Vortrag, gehalten während der 9. Jahrestagung der Geologischen Gesellschaft in der DDR am 15. 5. 1962 in Erfurt.

Eingang des Manuskripts in der Redaktion: 9. 6. 1962

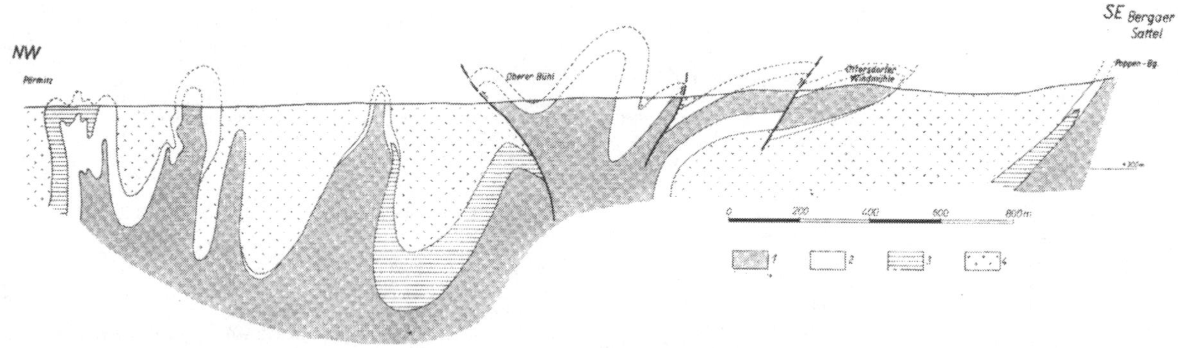

Abb. 1. Querprofil durch die Oberdevonsättel am NW-Rand des Bergaer Sattels (etwas schematisiert)

Oberdevon: 1 – Diabase und Diabastuffe, 2 – Knotenkalk, 3 – Kalkknotenschiefer und Tonschiefer; Unterkarbon (Kulm): 4 – Tonschiefer, Sandsteine und Grauwacken

zu schließen, daß auch die Verkarstung im wesentlichen tertiäres Alter besitzt. Für diese Annahme spricht auch das Vorhandensein der großen und tiefreichenden Hohlräume, deren Bildung in der relativ kurzen und klimatologisch ungünstigen Zeit des Quartärs schwer vorstellbar ist.

Geologische Übersicht

Wenn die Karstwässer bisher nur in so geringem Maße genutzt wurden, so lag dies nicht nur in der Unkenntnis der Karsterscheinungen begründet. Auch die wechselhafte lithologisch-fazielle Ausbildung der Knotenkalke und vor allem ihre komplizierte Tektonik waren noch weitgehend unbekannt.

Bei den oberdevonischen Knotenkalken, die vorwiegend am NW-Rand des Bergaer Sattels und in den vorgelagerten Spezialsätteln ausstreichen und das höhere Oberdevon vom toIδ bis einschließlich des cuI umfassen, handelt es sich lithologisch um deutlich geschichtete Kalke, die durch Einschaltungen von tonigmergeligem oder tuffitischem Material über Kalkknotenschiefer in Cypridinenschiefer oder flinzartige Tonschiefer übergehen können. Mit der Zunahme des tonigen Materials wächst auch die Mächtigkeit auf 100 m und mehr an. Demgegenüber können die reinen Kalke vollkommen auskeilen und streckenweise ganz fehlen. Diese Schwankungen in der faziellen Ausbildung und Mächtigkeit sind auf das unregelmäßige Relief der unterlagernden effusiven Diabase und Diabastuffe, vor allem aber auf Abtragungsvorgänge im Verlauf frühvariscischer Bewegungen zurückzuführen (R. GRÄBE 1956, 1962). Die Bewegungen steigerten sich am Ende der variscischen Orogenese zu intensiven alpinotypen Faltungen und führten zu dem heute vorliegenden, durch jüngere Dislokationen nur wenig veränderten Faltenbild. An eine pilzförmig herausgepreßte Divergenzzone legen sich verschiedene Spezialsättel an, die zuweilen in flachliegende Überfaltungen und Schuppen übergehen können (Abb. 1). Diese faziellen und tektonischen Verhältnisse weisen im Streichen zwar einige Änderungen auf, sind aber immer an den gleichen paläogeographisch-tektonischen Bauplan gebunden.

Gliederung der Karstzonen

Wie aus den vorliegenden Messungen der bisher gefaßten Karstwässer hervorgeht, lassen diese in ihrer Schüttung große Schwankungen erkennen und weisen auch oft starke Verunreinigungen auf. Die Ursache hierfür ist darin zu suchen, daß alle diese Brunnen und Quellfassungen im seichten Karst oder in der „äußeren" Zone des tiefen Karstes stehen. Der größte Teil der einsickernden Niederschlagswässer gelangt auf kürzestem Wege zu diesen Quellen bzw. Fassungen. Ihre Durchflußgeschwindigkeit in den erweiterten Klüften und Schloten ist daher sehr groß und die Filtration dementsprechend gering. Demgegenüber sind die Wässer in der „inneren" und „überdeckten" Zone des tiefen Karstes weit günstiger zu beurteilen. Sie haben ihren Weg zum überwiegenden Teil über tiefliegende Karstwasserreservoire genommen oder sind seitlich von solchen Wasserspeichern eingedrungen. Die Lage des Karstwasserspiegels verändert sich in diesem Bereich naturgemäß viel langsamer, so daß keine großen jahreszeitlichen Schwankungen zu erwarten sind. Das längere Verweilen im Untergrund führt außerdem dazu, daß sich die Wässer durch Absetzen der Trübstoffe und Absterben der Bakterien weitgehend selbst reinigen.

Die Untergliederung in die verschiedenen Karstzonen, wie sie von F. WEIDENBACH (1954, 1960) durchgeführt wurde, basiert jedoch auf dem Karst in den weiträumig anstehenden und relativ flach gelagerten jurassischen Kalken der Schwäbischen Alb. Die oberdevonischen Knotenkalke unseres Gebietes aber sind infolge ihres oft raschen Wechsels in der Fazies und Mächtigkeit, vor allem aber auf Grund ihrer intensiven Verfaltung, in zahlreiche voneinander getrennte und sehr ungleich große Vorkommen zerrissen, die sich außerdem noch in ihrem Faltentiefgang und der Zerklüftung stark unterscheiden. Für die Prospektion der Karstwässer wird also in erster Linie ihre absolute Menge von Interesse sein. Diese hängt aber von dem zur Verfügung stehenden Speicherraum und — was ihre Neubildung anbetrifft — von dem Ernährungsgebiet, d. h. in erster Linie von der Breite des Knotenkalkausstriches, ab. Eine Typisierung der verkarsteten Knotenkalke wird also zunächst nach tektonischen Gesichtspunkten vorgenommen werden müssen.

1. Seichter Karst

Von den größeren Knotenkalkkomplexen gehört nur ein Teil der südwestlichen, dem Bergaer Sattel unmittelbar vorgelagerten Schuppe, und zwar in dem Bereich zwischen Oettersdorf und Löhma, dem seichten Karst an. Der Knotenkalk ist dort in Form einer liegenden Falte auf die kulmischen Tonschiefer aufgeschoben bzw. aufgeschuppt und bildet dadurch einen breiten Ausstrich. Infolge der tiefgreifenden Zertalung durch die Gülde liegt er zum größten Teil oberhalb oder nur knapp unterhalb des Vorfluters. Wie die Dolinen am Geisla und die Trockentäler beweisen, ist der Kalk stark verkarstet und damit in der Lage, nahezu alle Niederschlagswässer aufzunehmen und in den Karstgerinnen weiterzuleiten. Auf Grund der stauenden Wirkung der kulmischen Tonschiefer und der schwach nach NE geneigten, muldenförmigen Überschiebungsfläche ist die Fließrichtung der Karstwässer festgelegt, die am Ortseingang von Löhma in Form mehrerer Schichtquellen und Quelltöpfe zutage treten. Über die Schüttung der größten und gefaßten Quelle, der eigentlichen Güldequelle, besitzen wir durchgehende Messungen über den Zeitraum vom 5.10.1958 bis zum 16.4.1961. Dieser Zeitraum ist besonders aufschlußreich, da er die Trockenperiode des Jahres 1959 einschließt. Wie aus Abb. 2 zu ersehen ist, beträgt der durchschnittliche Wert 2 l/s. Er wird nur bei starken und anhaltenden Niederschlägen sowie während der Schneeschmelze überschritten. In der Trockenzeit des Jahres 1959 ging die Schüttung bis auf 0,4 l/s zurück, und auch während des niederschlagsarmen Septembers des Jahres 1960 war ein Rückgang auf 1,1 l/s zu verzeichnen. Aus den Meßergebnissen geht weiter hervor, daß nur eine geringe Pufferung der einsickernden Niederschlagswässer vorliegt, d. h., daß sich die Änderungen sehr deutlich und nur wenig abgeschwächt in den Schwankungen der Quellschüttung widerspiegeln.

Für die übrigen Güldequellen liegen keine solchen Messungen vor. Es ist nur die Gesamtwassermenge des Baches, der nahezu ausschließlich aus diesem Karstgebiet gespeist wird, in einem Durchschnittswert von 7,5 l/s bekannt. Diese Wassermenge, die bereits 350 m unterhalb eine Mühle treibt, ist für das Ostthüringische Schiefergebirge ungewöhnlich hoch.

Untersucht man aber die Qualität des Wassers, so sind deutliche Verunreinigungsmerkmale zu erkennen. Sie zeigen sich einmal in dem erhöhten Gehalt an Chlor- und Nitrationen, zum anderen in der fast stets hohen Keimzahl und dem Auftreten des Bacterium coli. Wie die starken Schwankungen der Quellschüttung, so sind auch die Verunreinigungen auf die große Durchflußgeschwindigkeit der Wässer und die damit verbundene geringe Filterwirkung zurückzuführen. Beides sind typische Merkmale der Wässer aus dem seichten Karst.

2. Tiefer Karst

Alle übrigen Knotenkalkkomplexe sind zum tiefen Karst zu stellen, da das Niveau der Vorfluter — zumindest bei den in Frage kommenden weiträumigeren Vorkommen — immer weit oberhalb der oft sehr tief eingefalteten Kalke liegt. Auf Grund ihrer Lagerungsverhältnisse muß zwischen zwei Typen, dem Flanken- und dem Muldentyp, unterschieden werden.

a) Flankentyp

Zum Flankentyp möchte Verf. alle die Vorkommen stellen, in denen der Knotenkalk nur an einer Sattel- oder Muldenflanke entwickelt ist, sei es, daß er zur Mulde hin auskeilt oder in Tonschiefer übergeht oder aber von einer Verwerfung abgeschnitten wird. Bis zu einem gewissen Grade müssen auch diejenigen hinzugerechnet werden, bei denen die Breite und der Tiefgang der Mulde so groß sind, daß eine durchgehende Verkarstung bis zur gegenüberliegenden Flanke nicht angenommen werden kann.

Größere und zusammenhängende Vorkommen dieses Typs sind allerdings selten. Man trifft sie vor allem an der NW-Flanke des Bergaer Sattels an. Dort wurde mit der Bohrung „Zoppoten 2“ erstmalig der Versuch unternommen, die Wässer dieses Karsttyps für die örtliche Wasserversorgung zu erschließen. Die Bohrung wurde im überlagernden kulmischen Tonschiefer angesetzt und erreichte bei 51 m den Knotenkalk (Abb. 4). Größere Karsthohlräume konnten hierin aber nicht nachgewiesen werden. Dies drückt sich auch in der verhältnismäßig geringen Leistung von 1,14 l/s beim Pumpversuch aus. Sie stieg allerdings nach einer Torpedierung auf 1,57 l/s an, so daß angenommen werden kann, daß dadurch eine Verbindung zu stärker verkarsteten Bereichen hergestellt worden sein muß. Nach der WEIDENBACHschen Gliederung steht die Bohrung in der überdeckten Zone des tiefen Karstes, in der mit hygienisch einwandfreiem Wasser gerechnet werden kann. Dies trifft auch zu; denn trotz der starken Besiedlung des Ernährungsgebietes weisen die Analysenergebnisse keinerlei Verunreinigungsmerkmale auf. Der Überlauf der verschmutzten Wässer wird von tiefer gelegenen Karstquellen der äußeren Zone übernommen, die den kleinen Wasserlauf des Ossagrundes sowie den Zoppotener und Pöritzscher Dorfbach speisen.

Auch in den im Gebiet von Pörmitz auf Eisenerz angesetzten Erkundungsbohrungen wurden in diesem Karsttyp Karsthohlräume und stellenweise auch artesisch austretende Karstwässer angetroffen. Die Mengen waren jedoch ebenfalls gering. Sie werden, wie bei Zoppoten, nur den Bedarf kleiner Ortschaften decken können.

b) Muldentyp

Die meisten Vorkommen gehören aber zum Muldentyp, da der verkarstete Knotenkalk durchgehend von einer Muldenflanke zur anderen entwickelt ist. Obwohl dieser Karsttyp die größten Wassermengen erwarten läßt, sind darin noch keine Erschließungsarbeiten vorgenommen worden. Durch den Bergbau auf die oberdevonischen Eisenerze sind wir jedoch über das Ausmaß der Verkarstung und auch die Karstwassermengen sehr gut unterrichtet.

Die Auffahrungen der Schachtanlage Pörmitz wurden in einer Mulde vorgetrieben, wie sie im Querprofil in der Abb. 5 dargestellt ist. Es ist eine steile, schwach SE-vergente Mulde mit einem Tiefgang von durchschnittlich 175 m. Der Vortrieb wurde in zwei Sohlen (60 und 120 m) sowie in Überhauen, und zwar hauptsächlich in dem an der Basis des Knotenkalkes ausgebildeten Erzlager, getätigt. Nur untergeordnet wurde der Knotenkalk querschlägig durchörtert. Hierbei wurden aber fast immer mehr oder weniger große Karstwasserreservoire angefahren, die nicht selten zu stärkeren Wassereinbrüchen führten. Aus den letzten Betriebsjahren liegen uns die Werte der gehobenen Grubenwässer vor, aus deren graphischer Darstellung sehr deutlich die Abhängigkeit von den querschlägigen Auffahrungen abzulesen ist (Abb. 3). Sobald nämlich der Knotenkalk durchfahren wurde, ist aus der Kurve ein meist sprunghaftes Ansteigen der gehobenen Grubenwässer zu er-

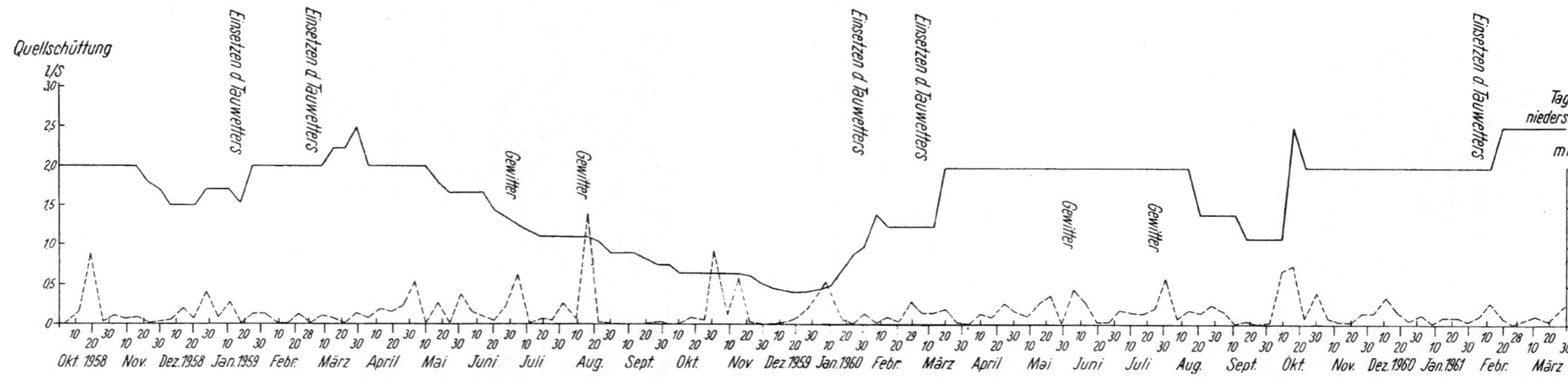

Abb. 2. Die Schüttung der Güldequelle bei Löhma (ausgezogene Linie) im Vergleich zu den in der Station Mühltroff gemessenen Niederschlägen (gestrichelte Linie)

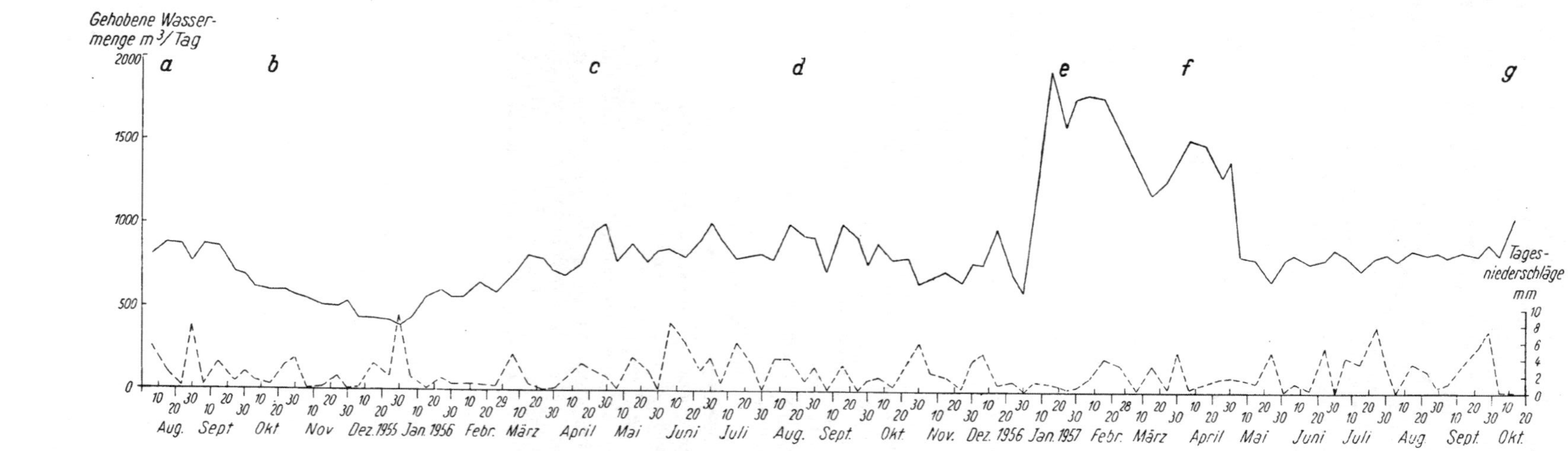

Abb. 3. Die gehobenen Grubenwässer in der Schachtanlage Pörmitz (ausgezogene Linie) im Vergleich zu den Auffahrungen und den in der Station Mühltroff gemessenen Niederschlägen (gestrichelte Linie)

a – Auswirkungen des Wassereinbruchs auf dem Querschlag N_2 beim Anschießen des Knotenkalkes. b – In den Monaten Oktober–Dezember wurde hauptsächlich streichend im Erzlager gefahren. Querschläge im Knotenkalk wurden nicht getrieben. Dadurch wurden nur wenige wasserführende Schlote bzw. Störungen angefahren. c – Im April Wiederaufnahme der Vortriebsarbeiten in den Querschlägen im Ost- und Westfeld. Dabei wieder Anfahren von ± stark wasserführenden Schloten im Knotenkalk. d – Starker Wasserzufluß in den Überhauen 9 und 11. Vortrieb mußte gestundet werden. e – Starker Wassereinbruch auf der U_3, Querschlag 4. Strecke wurde abgeworfen und verdämmt. f – Ende März wurden sämtliche Vortriebsarbeiten eingestellt. g – Vollkommenes Leerpumpen des Schachtes und des Pumpensumpfes.

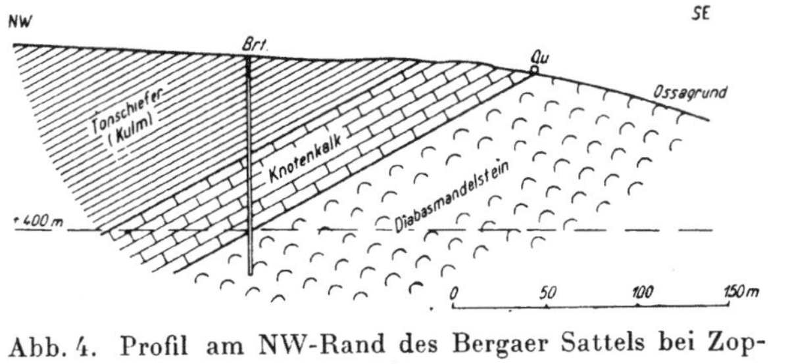

Abb. 4. Profil am NW-Rand des Bergaer Sattels bei Zoppoten

kennen. Ein Teil dieser dabei frei gewordenen Wässer kann vielleicht als fossil betrachtet werden. Hierfür könnten die hohen Härtegrade sowie der Umstand sprechen, daß viele dieser Hohlräume durch junge Lockergesteine plombiert sind. In den meisten Fällen konnte jedoch auch nach Auslaufen dieser Karstwasserreservoire eine allgemeine Erhöhung der Grubenwassermenge festgestellt werden. Es muß also mit dem Anschluß der jeweilig angefahrenen Karstgeflechte an das Streckennetz eine Vergrößerung des Ernährungsgebietes eingetreten sein. Auf diese Weise stieg die Gesamtwassermenge vom Dezember 1955 bis zum Mai 1957 allmählich von 400 m^3/d auf etwa 800 m^3/d.

Der Zusammenhang zwischen der Menge der Gruben- bzw. Karstwässer und der Niederschlagshöhe läßt sich besonders für die Zeit der letzten Betriebsmonate ablesen, während der keinerlei Auffahrungen mehr durchgeführt wurden. Die Kurve zeigt für diesen Zeitraum einen weitgehend ausgeglichenen Verlauf, der auf eine starke Pufferung hindeutet. Die Schwankungen betragen kaum mehr als 100 m^3/d, d. h. $^1/_8$ der Gesamtwassermenge. Demgegenüber wirken sich die Schneeschmelzen viel stärker aus. Sie führen zu einer Vergrößerung um ein Drittel bis zur Hälfte der Gesamtmenge.

Auch aus der Schachtanlage Görkwitz liegen uns — allerdings nur aus den letzten Betriebsmonaten — Angaben über die gehobenen Grubenwässer vor. Sie betrugen rund 2000 m^3/d, lagen also weit höher als in Pörmitz, obwohl die Auffahrungen nicht halb so groß waren und auch keine größeren Karsthohlräume angetroffen wurden. Ein Teil dieser Wässer ist vielleicht auf Versickerungen des Schlangenbaches zurückzuführen. Der Nachweis konnte jedoch trotz mehrmaliger Färbversuche nicht eindeutig geführt werden. Bei dem weitaus größten Teil handelt es sich also zweifellos um echte Karstwässer. Ihre relativ großen Mengen lassen sich in erster Linie durch die bedeutend günstigeren geologischen Voraussetzungen erklären: die höhere Mächtigkeit des Knotenkalkes und vor allem seine Lagerungsverhältnisse. Während in Pörmitz eine nahezu symmetrisch gebaute Mulde mit relativ steilen Flanken und nur wenig gestörtem Faltenbau vorliegt, zeigt die Görkwitzer Mulde einen asymmetrischen und wesentlich komplizierteren Aufbau (Abb. 6). An der NW-Flanke fällt der Knotenkalk sehr flach ein und bildet, verstärkt durch seine höhere Mächtigkeit, einen breiten Ausstrich und dadurch auch ein größeres Ernährungsgebiet. An der SE-Flanke ist der Knotenkalk nur geringmächtig entwickelt und reicht auch nur an wenigen Stellen an die Oberfläche. Dafür ist er aber infolge der NW-vergenten Verschuppung äußerst stark beansprucht. Neben der intensiven Zerklüftung treten mehrere ausgeprägte Zerrüttungszonen auf, auch sind große Teile in grobkristalline Kalke und Dolomite umgewandelt worden. Sowohl die starke Zerklüftung und Zerrüttung als auch die grobkristalline Beschaffenheit der Kalke bieten der Versickerung und Zirkulation der Wässer viel größere Möglichkeiten und führen zu zahlreichen kleinen und kleinsten Hohlraumgeflechten, in denen während der Vortriebsarbeiten immer große Wassermengen angetroffen wurden.

Die beiden Beispiele haben gezeigt, daß der Muldentyp die weitaus günstigste Möglichkeit bietet und die größten Karstwassermengen erwarten läßt. Wenn auch mit Hilfe von Bohrungen nicht die Mengen erschlossen werden können, die durch das weitverzweigte Grubennetz angezapft wurden, so sollte es doch bei genauer Kenntnis, vor allem der tektonischen Verhältnisse, möglich sein, ausgeprägte Störungszonen anzufahren, die nach den Erfahrungen der bergmännischen Untersuchungen die Verbindung zu den einzelnen, oft voneinander unabhängigen Karstgeflechten herstellen.

Wasserspeicherung im Karst

Abschließend soll noch auf die Möglichkeit der Wasserspeicherung in solchen Karsthohlräumen hingewiesen werden. Für die Speicherung von Erdöl und Erdgas sind verkarstete Kalke bereits in großem Maße herangezogen worden, während sie für die Speicherung von Wasser noch sehr wenig Anwendung gefunden haben.

In den Hohlraumsystemen des tiefen Karstes können einmal die Karstwässer durch künstlich zugeführte Oberflächenwässer regeneriert und zum anderen darin die Hochwasserspitzen abgefangen und gespeichert werden. In diesen unterirdischen Speicherräumen sind die Wässer weitgehend vor der Verdunstung und den an der Oberfläche ausgesetzten Verunreinigungen geschützt. Sie haben auch die Möglichkeit, sich bis zu einem gewissen Grade selbst zu reinigen. Auch die Schutzmaßnahmen werden im allgemeinen geringer sein

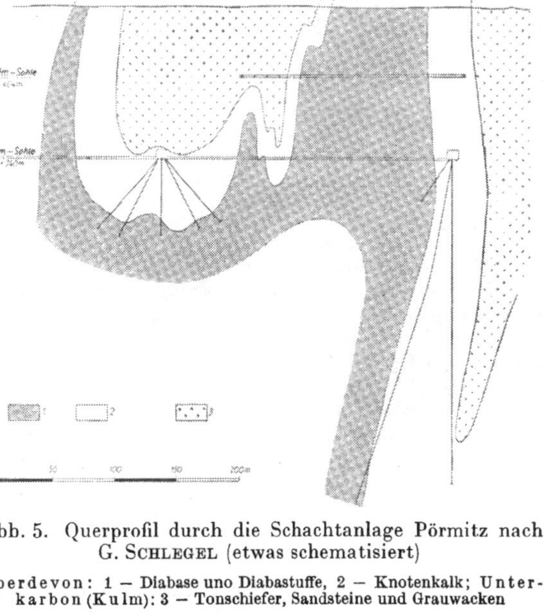

Abb. 5. Querprofil durch die Schachtanlage Pörmitz nach G. SCHLEGEL (etwas schematisiert)

Oberdevon: 1 – Diabase uno Diabastuffe, 2 – Knotenkalk; Unterkarbon (Kulm): 3 – Tonschiefer, Sandsteine und Grauwacken

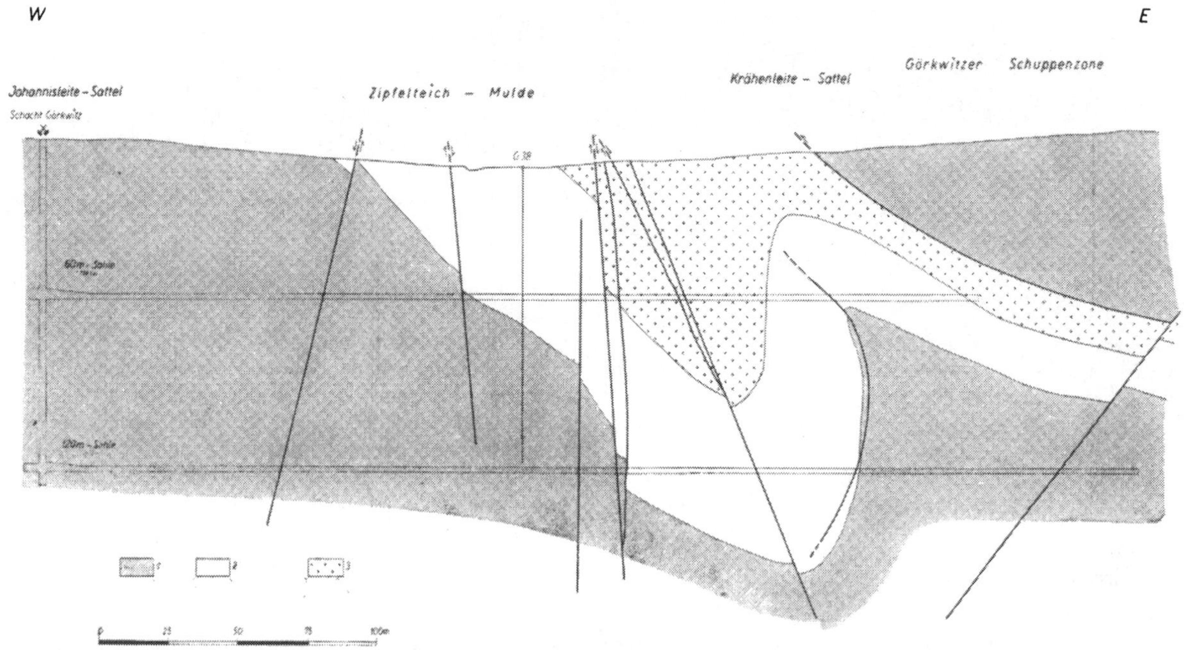

Abb. 6. Querprofil durch die Schachtanlage Görkwitz nach H. WIEFEL (etwas schematisiert)
Oberdevon: 1 – Diabase und Diabastuffe, 2 – Knotenkalk: Unterkarbon (Kulm): 3 – Tonschiefer, Sandsteine und Grauwacken

als in oberirdischen Stauanlagen. Den günstigsten Fall stellt auch hier der Muldentyp dar.

Im seichten Karst besteht die Aufgabe besonders darin, den schnellen Auslauf der Karstgerinne zu verhindern oder zu verzögern, um damit den Karstwasserhaushalt regulieren zu können. Dies läßt sich am besten durch eine Kombination zwischen einem unter- und einem oberirdischen Stau erreichen, wie dies in neuerer Zeit z. B. mit großem Erfolg im jugoslawischen Karst (J. PERIC 1960) durchgeführt worden ist.

Die Voraussetzungen zur Wasserspeicherung sind in den oberdevonischen Kalken, vor allem im Muldentyp des tiefen Karstes, zweifellos vorhanden. Inwieweit sich solche Maßnahmen technisch durchführen lassen, soll an dieser Stelle nicht erörtert werden. Ziel und Zweck der Ausführungen sollte es lediglich sein, auf die Bedeutung der Karsterscheinungen und Karstwässer hinzuweisen sowie auf die Möglichkeiten, die sich hieraus zur Lösung der äußerst angespannten Wasserversorgungslage des Ostthüringischen Schiefergebirges ergeben.

Zusammenfassung

Der Beitrag behandelt die Erkundung und Erschließung der bisher im äußerst grundwasserarmen Ostthüringischen Schiefergebirge wenig genutzten Karstwässer. Der lithologisch-fazielle Aufbau der Kalksteine und die komplizierte Tektonik des Gebietes werden beschrieben. Der im Gegensatz zum seichten Karst sogenannte tiefe Karst wird im wesentlichen nach tektonischen Gesichtspunkten untergliedert. Dabei wird zwischen einem Flanken- und einem Muldentyp und ihrer verschiedenen Wasserführung unterschieden.

Резюме

Статья освещает разведку и освоение карстовых вод, до сих пор мало использованных в исключительно бедных грунтовыми водами Восточных Тюрингенских сланцевых горах. Описываются литологически-фациальное строение известняков и сложная тектоника района. Так наз. глубокий карст- в противоположность неглубокому карсту — подразделяется в основном по тектоническим соображениям. При этом различается между фланговым и мульдовым типами и их различной водоносностью.

Summary

The article deals with the reconnaissance and exploration of karst waters hitherto used to a small extent in the East Thuringian slate-mountains extremely poor in ground-water. The lithological and facial structure of the limestones and intricate tectonics of the area are described. Contrary to the shallow karst the so-called deep karst is mainly subdivided in conformity with tectonic aspects. A distinction is made between a flank and trough-shaped type and their different water bearing.

Literatur

FREYBERG, B. v.: Die tertiären Landoberflächen in Thüringen. – Fortschr. Geol. u. Paläont., **16**, 1–77, Berlin 1923.

GRÄBE, R.: Ausbildung und Entstehung der oberdevonischen Roteisenerze und ihrer Nebengesteine im Schleizer Trog. – Ber. Geol. Ges. DDR, **1**, 155–198, Berlin 1956.

– Die Grundwasserverhältnisse im Ostthüringischen Schiefergebirge. Ergebnisse hydrogeologischer Untersuchungen und Kartierungen im Kreise Lobenstein. – Freib. Forsch.-H. C 117, 1–45, Berlin 1961.

– Beziehungen zwischen der tektonischen und faziellen Entwicklung des Oberdevons und Unterkarbons sowie zur Genese der Eisenerze vom Lahn-Dill-Typus am NW-Rand des Bergaer Sattels (Thüringisches Schiefergebirge). – Freib. Forsch.-H. C 140 (im Druck), Berlin 1962.

PERIC, J.: Grundwasserspeicherung im verkarsteten Gebirge. – Vortrag, gehalten während der Frühjahrstagung der Deutschen Geologischen Gesellschaft in Bad Harzburg 1960.

STREBEL, O.: Tertiäre Reliktböden, tertiäre Verwitterungsreste und eiszeitliche Bodenumlagerungen im Frankenwald. – Dissertation, Würzburg 1955.

WEIDENBACH, F.: Über einige Wasserbohrungen im Jura. Ein Beitrag zum Karstproblem der Schwäbischen Alb. – Jber. u. Mitt. oberrhein. geol. Ver., NF, **36**, Stuttgart 1954.

– Karstwasserprobleme in der Schwäbischen Alb. – Vortrag, gehalten während der Frühjahrstagung der Deutschen Geologischen Gesellschaft in Bad Harzburg 1960.

Neues geologisches Kartenwerk der ČSSR im Maßstab 1:200000[1)]

VLADIMÍR ZOUBEK, Praha

Einleitung

In den zweiten tschechoslowakischen Fünfjahrplan (1956—1960) wurde die Ausarbeitung geologischer Karten des Gebietes der ČSSR im Maßstab 1:200000 aufgenommen. Das Kartenwerk besteht aus fünf Teilen: der geologischen Karte, der Karte der mineralischen Rohstoffe, der gravimetrischen Karte, der aeromagnetischen Karte und den aeroradiometrischen Profilen.

Bis Ende des Jahres 1960 wurden alle Kartenblätter der geologischen Karte ausgearbeitet und nach gründlicher Diskussion genehmigt; der größte Teil befindet sich jetzt bereits im Druck. Das gesamte Staatsgebiet wurde außerdem geophysikalisch vermessen. Für die gravimetrische Karte konnten bisher vorläufige Isanomalenkarten aller Teilabschnitte zusammengestellt werden. Die Ergebnisse der aeromagnetischen Messungen wurden in einem Profilnetz von entsprechender Dichte dargestellt.

Schon heute wirkt sich das neue Werk günstig für die geologische Praxis aus. Durch die Übersichtsforschung wurden die ökonomisch aussichtsreichsten und wissenschaftlich grundlegenden Gebiete festgestellt, die vorzugsweise in größeren Maßstäben (1:50000 bis 1:5000) bearbeitet werden sollen. Die Ergebnisse der Übersichtsuntersuchungen werden auch künftig die planmäßige geologische Grundlagenforschung sichern, so daß die Geologen die großen Aufgaben, die ihnen in Zusammenhang mit dem sozialistischen Aufbau gestellt werden, erfolgreicher und mit geringerem Zeitaufwand lösen können. Die geologische Karte 1:200000 wird ferner für die regionale Planung benutzt.

Ziel der Arbeiten

Der gegenwärtige Stand der Erforschung des geologischen Baues des Territoriums der ČSSR machte die Ausarbeitung eines neuen Kartenwerkes erforderlich; denn dieses Werk ist eine der Voraussetzungen für die Planerfüllung in der geologischen Erkundung, für eine richtige Zielsetzung eingehender geologischer Untersuchungen sowie für die weitere Vertiefung der theoretischen Grundlage der geologischen Wissenschaft. Da das tschechoslowakische Gebiet für die Lösung einiger umfassender regionalgeologischer und theoretischer Probleme eine Schlüsselstellung besitzt, hat die Erforschung dieses Gebietes auch internationale Bedeutung.

Die erste — und bis vor kurzem einzige — geologische Karte des gesamten tschechoslowakischen Gebietes im „mittleren" Maßstab (1:144000) wurde etwa vor hundert Jahren durch die Mitarbeiter der Wiener Geologischen Reichsanstalt angefertigt. An den Kartierungsarbeiten beteiligte sich im Karpatengebiet auch der Klassiker der slowakischen Geologie, DIONÝZ ŠTÚR. Die von ihm bearbeiteten Abschnitte gehören zu den besten Teilen dieses Werkes und bilden eine gute Grundlage für weitere Forschungen. Das hervorragende Kartenwerk war jedoch zu Beginn des 20. Jahrhunderts bereits veraltet, und so wurde daher mehrmals im tschechoslowakischen Gebiet mit einer neuen systematischen Regionalforschung begonnen. Die dabei geschaffenen Karten überdecken jedoch lediglich einen kleinen Teil der ČSSR.

Damit das neue Kartenwerk allen Anforderungen genügt, mußte folgendes beachtet werden:

1. Durchführung komplexer Untersuchungen;
2. Wahl des Kartenmaßstabs;
3. Ausarbeitung einer neuen, qualitativ unterschiedlichen Legende;
4. eine möglichst umfassende internationale Zusammenarbeit;
5. neue Organisation der Arbeit.

1. Komplexe Untersuchungen

Damit das geplante Kartenwerk auch als Unterlage für die Gebietsplanung sowie für die Vorbereitung der metallogenetischen Karte und der Prognosekarte verwendet werden kann, wurde die geologische Karte durch eine Karte der mineralischen Rohstoffe ergänzt.

Da bei einer umfassenden Erforschung des geologischen Baues heute auch geophysikalische Ergebnisse berücksichtigt werden müssen und sich weitere geologische Forschungen allmählich auf immer tiefere Horizonte der Erdkruste erstrecken, wurden geophysikalische Untersuchungen — zunächst vor allem Schwerkraft- und magnetische Messungen — durchgeführt. Eine systematische seismische Tiefenuntersuchung im größeren Umfang ist für den dritten Fünfjahrplan (1961—1965) vorgesehen.

Die Organisation einer systematischen geophysikalischen Erforschung war schwierig. Während für die geologische Regionalforschung ein großes Zentralinstitut bestand, waren für die geophysikalischen Untersuchungen nur kleinere, unterschiedlich ausgerüstete Betriebe vorhanden, die in erster Linie lokale Aufgaben durchzuführen hatten. Da besonders die magnetischen Messungen für die Lagerstättenerkundung nicht auf spätere Zeit verlegt werden konnten, mußte eine möglichst rationelle und zeitsparende Methode angewandt werden.

Wenig Arbeitskräfte und einen geringen Zeitaufwand erfordern aeromagnetische Messungen. In der ČSSR fehlten jedoch dafür die entsprechenden Meßgeräte und Fachkräfte. Daher stellte die Sowjetunion für diese Forschungsaufgaben bereits im Jahre 1956 ein Meßgerät zur Verfügung, mit dem auch aeroradiometrische Untersuchungen durchgeführt werden können. Auch konnten drei tschechoslowakische Wissenschaftler an einer sowjetischen aeromagnetischen Expedition teilnehmen und sich mit diesen Arbeiten vertraut machen. Weiterhin wurde der für drei Jahre berechnete Entwurf des aeromagnetischen Forschungsplanes mit sowjetischen Kollegen beraten.

Die größten organisatorischen Schwierigkeiten bereiteten die gravimetrischen Untersuchungen — viele verschiedenartige Institutionen waren daran beteiligt —, die jedoch unter Leitung von Ing. JAROSLAV IBRMAJER durch den selbstlosen Einsatz aller Mitarbeiter ebenfalls überwunden werden konnten.

2. Wahl des Kartenmaßstabs

Von großer Bedeutung war auch die Wahl des Maßstabs des neuen Kartenwerkes, da davon die Qualität sowie der Zeit- und Kostenaufwand abhängen. Von den in Betracht kommenden Maßstäben gewährleistet nur der Maßstab 1:200000 bei der zur Verfügung stehenden Zeit eine genügende Ausführlichkeit des Karteninhalts. Die Richtigkeit dieser Wahl wurde auch dadurch bestätigt, daß dieser Maßstab von den Teilnehmerstaaten des Rates für gegenseitige Wirtschaftshilfe für das gemeinsame internationale Kartenwerk angenommen wurde.

3. Ausarbeitung einer neuen Legende für die geologische Karte

Die neue geologische Karte der ČSSR sollte aus folgenden Gründen als „abgedeckte" Karte (= Karte der vorquartären Formationen) erscheinen:

a) Das „Entblößen" des Untergrundes von den Quartärbildungen ermöglicht eine genauere Darstellung der vorquartären Formationen, die eigene wissenschaftliche und

[1)] Austauschbeitrag, der uns von der Zeitschrift „Geologický průzkum" übergeben wurde. — Eingang des Manuskripts in der Redaktion: 21. 5. 1962.

ökonomische, vom Quartär unterschiedliche Probleme aufweisen.

b) Auch das Quartär kann nicht genügend genau mit vorquartären Formationen zusammen auf einer Karte dargestellt werden.

c) Für die Darstellung der überdeckten vorquartären Formationen ist eine Auswertung des gesamten vorliegenden Materials, das Aufschluß über den tieferen geologischen Bau gibt, z. B. Bohrprofile, Ergebnisse der geophysikalischen Untersuchungen usw., sowie die Berücksichtigung aller bekannten geologischen Gesetzmäßigkeiten erforderlich. Die auf diese Weise gewonnenen besseren Kenntnisse über die vorquartären Formationen ermöglichen auch in ,,überdeckten" Gebieten Prognosen auf das Vorkommen spezieller mineralischer Rohstoffe.

d) Die geologische Wissenschaft ist so weit fortgeschritten, daß auch in ziemlich ausgedehnten, mit Quartär überdeckten Gebieten begründete Vorstellungen über den Bau des älteren Untergrundes möglich sind. Außerdem können bei der graphischen Kartendarstellung vermutete Strukturen von den ermittelten unterschieden werden.

e) Da die Quartärbildungen in der ČSSR meist geomorphologisch sehr fein gegliedert sind, können sie erst im Maßstab 1:50000 oder in noch größeren Maßstäben übersichtlich dargestellt werden.

f) Die gleichzeitige Untersuchung des Quartärs im gesamten Staatsgebiet konnte infolge des Mangels an Fachkräften nicht durchgeführt werden.

Der endgültige Inhalt der Karte und seine Darstellungsweise wurden auf den Beratungen der Vertreter der sozialistischen europäischen Staaten und der Sowjetunion festgelegt (vgl. V. ZOUBEK 1957; Instruktion von 1958). Auf Grund der Vereinbarungen mußten sich die Geologen mit Problemen beschäftigen, die auch im Weltmaßstab gesehen bisher nur wenig erforschte Gebiete der geologischen Wissenschaften darstellen, z. B. absolute Altersbestimmung der Metamorphite und Magmatite in unterschiedlich ,,regenerierten" Gebieten, stratigraphische Stellung der Metamorphite und anderer biostratigraphisch ,,stummer" Serien. Diese Vereinbarungen, die in einer gemeinsamen Instruktion (1958) zusammengefaßt wurden, führten hin und wieder zu Schwierigkeiten bei der graphischen Darstellung und zur Erhöhung des Arbeitsaufwandes bei den geologischen Untersuchungen, die jedoch letztlich durch die Fortschritte in der Erkenntnis des geologischen Baues wettgemacht wurden.

Einen unentbehrlichen Bestandteil jedes Kartenblattes bilden Profile, ein graphisches stratigraphisches Schema der dargestellten Formationen (das sog. stratigraphische Säulenprofil), das auch bei den metamorphosierten Komplexen die ursprüngliche, vormetamorphe Entwicklung berücksichtigt, und eine den Karteninhalt erklärende und ergänzende Textbeilage (Erläuterungen). Dadurch wurde die neue Kartenausgabe gegenüber den früheren wesentlich verbessert. Die Erläuterungen enthalten neben einer Charakteristik der gesamten in der Karte angewendeten Gliederung auch allgemeine Kapitel, die die geologisch-historische Entwicklung aller untersuchten Gebiete zusammenfassen, ferner eine Übersicht über die Tektonik mit ihren Beziehungen zur Metamorphose sowie spezielle Kapitel über die geomorphologischen und hydrogeologischen Verhältnisse und über die Entstehung, Ausbildung und räumliche Verteilung der Lagerstätten mineralischer Rohstoffe.

4. Die internationale Zusammenarbeit

Da das Territorium der ČSSR ein tektonisch wichtiges Gebiet Europas darstellt und sich die Haupteinheiten des geologischen Baues bis in die umgebenden Länder erstrecken, können manche geologischen Probleme nur in Zusammenarbeit mit den Nachbarstaaten gelöst werden. Aus diesem Grunde trafen sich die Vertreter der geologischen Dienste Bulgariens, der ČSSR, der DDR, Polens, Rumäniens, der UdSSR und Ungarns vom 11.—16. Oktober 1955 in Prag. Auf dieser Konferenz wurde das Kartenwerk im Maßstab 1:200000 als grundlegende Kartenausgabe der teilnehmenden Staaten angenommen und die Ausarbeitung einer einheitlichen Legende für dieses gemeinsame internationale Werk vereinbart. Im Jahre 1956 wurde dann auf einer Beratung in Warschau die Legende angenommen und später vom Polnischen Geologischen Dienst (Instruktion, 1958) veröffentlicht. (Weitere Ergebnisse der gemeinsamen Beratungen siehe A. A. BOGDANOW u. a. 1956; F. MRŇA & M. VANĚČEK 1956; V. ZOUBEK 1956, 1957, 1961a und b.)

Bereits auf dem XX. Internationalen Geologenkongreß 1956 in Mexiko berichtete die tschechoslowakische Delegation über das geplante neue Kartenwerk und forderte weitere Staaten zur Mitarbeit auf. Obwohl diese Zusammenarbeit bisher besonders aus technischen Gründen nicht in größerem Maße wirksam wurde, ist man davon überzeugt, daß das bis zur Herausgabe der zweiten Auflage, die zunächst für die Grenzblätter geplant ist, gelingt.

5. Organisation der Arbeit

Der Umfang und die Vielseitigkeit der Untersuchungen erforderten eine kollektive Bearbeitung des Kartenwerkes. Um eine möglichst genaue und vollständige Kenntnis vom geologischen Bau und der Entwicklung des betreffenden Gebietes zu gewinnen, waren an dieser Gemeinschaftsaufgabe Fachkräfte aus allen Gebieten der geologischen Wissenschaft (Stratigraphie, Paläontologie, Petrographie, Mineralogie, Strukturanalyse, Geochemie, Geochronologie, Geophysik usw.) beteiligt. Eine enge Zusammenarbeit mußte jedoch nicht nur zwischen den Fachkräften und verschiedenen Arbeitsgruppen einer Institution sowie zwischen den verschiedenen Instituten des tschechischen und des slowakischen Teils der ČSSR, sondern auch zwischen den verschiedenen Staaten bestehen. So trug dieses Kartenwerk viel zur Entfaltung einer kollektiven Arbeitsweise, besonders aber zur Festigung der internationalen Zusammenarbeit der beteiligten Staaten bei.

Die Durchführung dieser Arbeiten wurde im Staatsforschungsplan der ČSSR als eine der Hauptaufgaben besonders berücksichtigt. Ähnlich wie bei allen anderen Wissenschaften wurde auch auf dem Gebiet der Geologie von der Tschechoslowakischen Akademie der Wissenschaften eine spezielle Kommission für die Kontrolle und Beschleunigung der Planerfüllung gebildet. Für die Lösung einzelner Aufgaben war eine Koordinationsgruppe verantwortlich. (Näheres über die Organisation der Arbeiten siehe V. ZOUBEK 1961a und b.)

Obwohl die neue geologische Karte bisher noch nicht gedruckt vorliegt, kann sie doch schon als Grundlage z. B. für die Bewertung der Perspektiven des Vorkommens mineralischer Rohstoffe und für zusammenfassende geologische Arbeiten verwendet werden. Eine Auswertung bereits im handschriftlichen Stadium wurde u. a. durch die Bildung eines gesamtstaatlichen geologischen Dokumentationszentrums (,,Geofond"), das alle bedeutenden, insbesondere auch handschriftlichen Materialien sammelt und den Geologen zugänglich macht, ermöglicht. Der Geofond erhält also auch Kopien der Karten und Erläuterungen.

Die geologische Karte im Maßstab 1:200000 und ihre Erläuterungen werden die Grundlage für die Ausarbeitung einer regionalen Geologie der ČSSR, für die Zusammenstellung geologischer und geophysikalischer Übersichtskarten im Maßstab 1:500000 und 1:1000000 sowie für eine neue Auflage der tektonischen Karte der ČSSR im Maßstab 1:1000000 und der internationalen Karten Europas (der tektonischen Karte im Maßstab 1:2500000 und der geologischen Karte im Maßstab 1:1500000) bilden. Alle Blätter der geologischen Karte 1:200000 und die Erläuterungen sollen bis 1964 gedruckt vorliegen.

Die freundschaftlichen Beziehungen zwischen der ČSSR und der DDR kamen besonders bei der Zusammenarbeit für das neue Kartenwerk zum Ausdruck. Die Geologen der DDR, sowohl die älteren Wissenschaftler, die ihre umfangreichen Erfahrungen bereitwillig zur Verfügung stellten, als auch die Angehörigen der jüngeren Generation, haben durch ihre geologische Tätigkeit dieses Gemeinschaftswerk wesentlich unterstützt. Der Nestor der Geologen der DDR, Nationalpreisträger Prof. Dr. KURT PIETZSCH, nahm persönlich an den Arbeitsberatungen teil, auf denen die Ergebnisse tschechoslowakischer und deutscher Arbeitsgruppen koordiniert wurden.

Die erfolgreiche Beendigung der gemeinsamen, oft schwierigen Arbeit wird in nächster Zeit durch die Drucklegung der vier Kartenblätter (Plauen—Karlovy Vary, Annaberg—Teplice, Dresden—Chabařovice, Görlitz—Děčín) sowie der Erläuterungen bestätigt.

Literatur

BOGDANOW, A. A., S. A. MUSYLJOW & E. T. SCHATALOW: Über die Prager und Warschauer Tagungen der Geologen der Volksdemokratischen Länder und der UdSSR. — Sowjetskaja geologija, Sammelbd. 54, S. 3—19, Moskwa 1956 (russ.).

IBRMAJER, J.: Vývoj užité geofyziky v Československu. — Věstník ÚÚG, 35, S. 89—93, Praha 1960.

MIELECKE, W.: Kartenrahmen und Gitternetz der neuen geologischen Karte 1:200000. — Z. angew. Geol., 2, S. 217—221, Berlin 1956.

MRŇA, F. & M. VANĚČEK: Geologické mapování v SSSR a lidově demokratických zemích. — Věstník ÚÚG, 31, S. 1—10, Praha 1956.

STOCK, F.: Eine neue Kartenkonvention. — Freiberger Forsch.-H., C 31, S. 21—28, Berlin 1957.

ZOUBEK, V.: O mezistátních geologických konferencích pražské a varšavské. — Věstník ČSAV, 65, S. 511—514, Praha 1956.

— Přehledná geologická mapa 1:200000 a varšavská geologická konference. — Věstník ÚÚG, 32, S. 221—226, Praha 1957.

— Komplexní geologická mapa 1:200000 — stěžejní výzkumný úkol geologických věd v druhé pětiletce. — Věstník ČSAV, 70, Nr. 2, S. 214—223, Praha 1961 [1961a].

— Nová komplexní geologická mapa ČSSR 1:200000. — Věstník ÚÚG, 36, Nr. 4, S. 249—260, Praha 1961 [1961b].

Instruktion über die Zusammenstellung und Drucklegung geologischer Karten und Lagerstättenkarten im Maßstab 1:200000. — Warszawa 1958.

Karte der nutzbaren Bodenschätze der ČSSR [1)]

LUDVÍK ODEHNAL, Praha

Im Dezember 1961 wurde die Karte der nutzbaren Bodenschätze der ČSSR im Maßstab 1:200000 abgeschlossen. Diese ist ein Bestandteil der geologischen Karte im gleichen Maßstab und wurde ebenfalls nach den 1956 in Warschau als verbindlich angenommenen Richtlinien, die in der Instruktion über die Zusammenstellung und Drucklegung geologischer Karten enthalten sind, ausgearbeitet. Die Leitung des mit den umfangreichen Untersuchungen beauftragten Kollektivs aus Mitarbeitern der Geologischen Zentralanstalt (Ústřední Ústav Geologický), Praha, und der Geologischen Anstalt in Bratislava (Geologický Ústav Dionýze Štúra) sowie von Fachkräften der Universitäten von Praha und Bratislava und der Technischen Hochschule Košice übernahm eine neugebildete Abteilung der Geologischen Zentralanstalt, Praha, die direkt dem Chefredakteur der geologischen Karte unterstellt war. Vollständigkeit, Aktualität und Einheitlichkeit der einzelnen Kartenblätter sind schließlich durch Begutachtung von einer Fachkommission gewährleistet.

Als Grundlage für die Lagerstättenkarte dient entsprechend der Instruktion die geologische Karte im Maßstab 1:200000, auf der nur das stratigraphische Säulenprofil durch ein Lagerstättenprofil ersetzt wurde. Auf Wunsch der Geologen aus der Praxis wird etwa die Hälfte der Auflage nicht farbig gedruckt. Das der Lagerstättenkarte beigefügte Verzeichnis der eingetragenen Lagerstätten und Vorkommen nebst einer kurzen geologisch-wirtschaftlichen Charakteristik soll die Anlagen 11 und 12 der Instruktion ersetzen. Außerdem enthalten die Erläuterungen zu den geologischen Karten das Kapitel „Nutzbare Bodenschätze" mit einer allgemeinen Charakteristik der Lagerstättentypen und ihrer geologischen Position.

Die Zusammenstellung der Lagerstättenkarten erfolgte nach den methodischen Hinweisen der Instruktion, die nur in einigen Punkten erweitert wurde. Die Gliederung der Lagerstätten und Vorkommen geht in der Instruktion überwiegend von wirtschaftlichen und registrativen, weniger von geologischen, strukturellen und paragenetischen Erwägungen aus. So werden die Lagerstätten in industrielle und nichtindustrielle gegliedert, wobei die industriellen Lagerstätten wiederum nach Bilanzvorräten in große, mittelgroße und kleine untergliedert werden. Als dritte Gruppe unterscheidet man Vorkommen und Anzeichen nutzbarer Bodenschätze (hauptsächlich Erze, Brennstoffe und Salze). Um Erzlagerstätten, die in der Vergangenheit von großer wirtschaftlicher Bedeutung waren, heute aber bereits abgebaut sind, ferner teilweise abgebaute Kohlen- und Nichterzlagerstätten, beide ohne Vorratsberechnung, zu erfassen, wurde eine vierte Gruppe von früher oder gelegentlich genutzten Lagerstätten eingeführt.

Die weitere Gliederung der Bodenschätze in wirtschaftliche Gruppen wurde beibehalten, obzwar z. B. die Einreihung des Torfes unter Brennstoffe nicht richtig ist. Entgegen der Instruktion wurden die Mineralquellen nach ihrer Temperatur und dem Gasgehalt in vier Typen gegliedert. Um die Karte nicht unübersichtlich zu machen, war es außerdem unmöglich, alle zur Zeit oder saisonmäßig im Abbau befindlichen Lagerstätten der Steine und Erden von örtlicher Bedeutung oder einzelne Kohlengruben sowie auch Schlichproben (Sicherproben) in die Karte einzutragen. In allen anderen Fällen wurden die in der Instruktion vorgesehenen Zeichen und Symbole beibehalten.

Von einigem Interesse können auch statistische Angaben sein. Die mittlere Dichte der registrierten Punkte beträgt 200 pro volles Kartenblatt, wobei das Maximum das Doppelte dieser Zahl nicht überschreitet. Mehr als die Hälfte aller eingetragenen Punkte bezeichnen Lagerstätten der Steine und Erden, ein Viertel Lagerstätten und Vorkommen von metallischen Rohstoffen, den Rest bilden annähernd im gleichen Verhältnis alle anderen Gruppen der nutzbaren Bodenschätze (Steinkohle, Braunkohle, Erdöl und Gas, Mineralquellen).

Alle Kartenblätter wurden bereits zum Druck genehmigt und sollen bis 1964 erscheinen. Das Redaktionskollektiv hofft, daß die Karte der nutzbaren Bodenschätze, die das erste vollständige Kartenbild der ČSSR dieser Art darstellt, allen Anforderungen genügt. Außerdem sollen diese Kartenblätter als Grundlage für weitere Forschungen und zum Aufsuchen von höffigen Lagerstättengebieten sowie zur Zusammenstellung von metallogenetischen und Prognosekarten dienen.

[1)] Austauschbeitrag, der uns von der Zeitschrift „Geologický průzkum" übergeben wurde. — Eingang des Manuskripts in der Redaktion: 2. 5. 1962.

Instruktion zur Anwendung der „Klassifikation der Lagerstättenvorräte fester mineralischer Rohstoffe" auf Lagerstätten toniger Gesteine in der DDR

1. Ton-Instruktion der ZVK vom 25. 7. 1962

INHALT

1. Die Rohstoffe und ihre Lagerstätten in der DDR

Tonige Gesteine sind autochthone und allochthone Verwitterungsprodukte, die in ihrer Hauptmasse meist aus feinen Fraktionen unter 0,01 mm bestehen. Neben Tonmineralen enthalten sie, besonders in ihren schluffigen und sandigen Varietäten, Mineralanteile von Quarz, Feldspäten, Glimmern, Schwermineralen u. a. sowie syngenetische bzw. epigenetische Neubildungen nichttoniger Minerale, wie Eisenoxyde und -hydroxyde, Karbonate, Sulfate, Sulfide u. a.

1.1. Bei tonigen Gesteinen werden unverfestigte und verfestigte Varietäten unterschieden. Zu den unverfestigten gehören Kaoline, Tone und Lehme; zu den verfestigten zählen Tonsteine, Schiefertone und Tonschiefer.[1])

1.2. Kaolin enthält als Tonmineral vorzugsweise Kaolinit, untergeordnet Halloysit.

1.2.1. Primäre Kaoline sind autochthone Verwitterungsprodukte feldspathaltiger Gesteine und bestehen aus Kaolinit und Beimengungen unzersetzter Mineralteilchen des Ausgangsgesteins.

1.2.2. Sekundäre Kaoline sind auf kurze Entfernungen umgelagerte primäre Kaoline.

1.2.3. Die natürlichen Rohkaoline werden vielfach vor ihrem industriellen Einsatz durch Abtrennung der gröberen Fraktionen (vorwiegend Quarz) zu Schlämmkaolinen mit einem höheren Tonsubstanzanteil aufbereitet.

1.3. Tone bestehen aus klastischen Mineralkörnchen und Tonmineralen, d. h. aus Produkten der physikalischen und chemischen Verwitterung vorwiegend feldspathaltiger Gesteine, und sind durch natürliche Ausschlämmung der Verwitterungsrinde und nachfolgende Sedimentation entstanden.

1.4. Lehme sind sandig-tonige, durch Eisenverbindungen meist gefärbte Verwitterungsprodukte der verschiedensten Gesteine. Sie sind teils autochthon (Verwitterungslehm), teils allochthon (Auelehm, Gehängelehm u. a.). Durch Herauslösung von Kalk kann z. B. Löß in Lößlehm und Geschiebemergel in Geschiebelehm umgewandelt werden.
Im Unterschied zu den Tonen ist bei Lehmen in der Regel der Anteil an Tonmineralen geringer, an Sand- und Schluffkomponenten größer und der Körnungsbereich umfassender.

1.5. Tonige Zersatzgesteine sind autochthone Verwitterungsprodukte verschiedener Gesteine, z. B. bentonitischer Basaltzersatz, toniger Syenitzersatz, toniger Grauwackenzersatz.

1.6. Tonige Gesteine werden als Rohstoffe für die verschiedenartigsten Erzeugnisse verwendet; besonders die unverfestigten Gesteine spielen in der keramischen Industrie wegen ihrer Bildsamkeit eine große Rolle.

1.6.1. Grob- und feinkeramische Erzeugnisse werden außer nach der Verwendungsgruppe, Brennfarbe und Feuerfestigkeit auch nach der Art des Scherbens (porös oder dicht) unterschieden.

1.6.2. Tonige Gesteine werden auch in anderen Industriezweigen vielseitig verwendet, z. B. Schlämmkaolin als Füllstoff in der Papier- und Gummiindustrie, in der chemischen und kosmetischen Industrie; Tone als Bindetone in der Gießereitechnik, als Zuschlagstoffe in der Zement- und Betonindustrie, als Bleicherde in der Ölindustrie, als Dickspültone in der Bohrtechnik, zur Abdichtung von Staudämmen.

1.6.3. Nach dem jeweiligen Verwendungszweck werden an die physikalischen und chemischen Eigenschaften toniger Gesteine unterschiedliche Anforderungen gestellt, die als Konditionen für den Rohstoff vorgegeben werden. In anderen Fällen wird die Eignung des Rohstoffs für einen vorgesehenen Verwendungszweck durch Qualitätsprüfungen der aus ihm angefertigten industriellen Erzeugnisse (nach in TGL und Standards enthaltenen Anforderungen) festgestellt.

1.7. Die Lagerstättentypen
Die in der DDR vorhandenen Lagerstätten toniger Gesteine lassen sich nach Größe, Form, Struktur und stofflicher Zusammensetzung in mehrere Typen gliedern, deren Untersuchung verschieden aufwendig ist und bei deren Vorratsberechnung unterschiedliche Voraussetzungen erfüllt sein müssen.

1.7.1. Lagerstättentyp I
Großflächige Lagerstätten regelmäßiger Form und ungestörter Lagerung, die in Mächtigkeit und stofflicher Zusammensetzung für Abbau und Verarbeitung des Rohstoffs keine wesentlichen Unterschiede aufweisen.

1.7.2. Lagerstättentyp II
Kleine ungestörte Lagerstätten, die in Form, Mächtigkeit und stofflicher Zusammensetzung keine für Abbau und Verarbeitung des Rohstoffs wesentlichen Unterschiede bzw. Erschwernisse aufweisen.
Ferner Lagerstätten des Typs I, bei denen Auswaschungen, geringe Deformationen der Schichten und größere Mächtigkeitsschwankungen den Abbau und Schwankungen in der stofflichen Zusammensetzung des Rohstoffs dessen Verarbeitung beeinflussen.

1.7.3. Lagerstättentyp III
Großflächige und kleine Lagerstätten unregelmäßiger Form, mit bedeutenden Veränderungen auf kurze Entfernungen in Mächtigkeit, Lagerung und stofflicher Zusammensetzung des Rohstoffs.

1.7.4. Teile einer großen Lagerstätte können zu verschiedenen Lagerstättentypen gehören. Die Zuordnung einer Lagerstätte oder ihres Teiles zu einem bestimmten Lagerstättentyp muß ausreichend begründet werden.

2. Die Untersuchung der Rohstoffe und der Lagerstätten

Die durchgeführten Untersuchungen können nur dann als ausreichend und ihre Methodik als richtig angesehen werden, wenn zuverlässige Angaben über die Substanzmenge, die Qualität des Rohstoffs und die geologisch-abbautechnischen Verhältnisse vorliegen, d. h., wenn auf der Grundlage der Untersuchungsergebnisse eine einwandfreie Vorratsberechnung und industrielle Einschätzung der Lagerstätte möglich ist.
Die Erfüllung dieser Forderung wird am Untersuchungsgrad der Lagerstätte gemessen, der sich aus Erkundungs- und Erforschungsgrad zusammensetzt.

2.1. Der Erkundungsgrad
Zum Erkundungsgrad gehören: die Art der durchgeführten Erkundungsarbeiten, ihr spezifischer Umfang und ihr Gesamtumfang, ihre Verteilung auf der Lagerstätte und die Qualität ihrer Durchführung; die Zuverlässigkeit der Lagerstättenumgrenzung (horizontal und vertikal), die Entnahme von Unter-

[1]) Phyllite und Tonschiefer gehören zu den metamorphen Gesteinen und werden hier ausgeschieden. Die zu den Tonschiefern gehörenden Dachschiefer werden in einer Sonderinstruktion behandelt.

suchungsmaterial für die Ermittlung der Qualität des anstehenden Rohstoffs und für technologische Versuche; ferner die exakte Dokumentation aller dieser Arbeiten.

2.1.1. Bei der Erkundung von Lagerstätten toniger Gesteine werden hauptsächlich Bohrungen, seltener Schürfe niedergebracht, bei deren Ansatz von geologischen und geophysikalischen Kartierungsunterlagen ausgegangen wird.

2.1.1.1. Je nach Art des Gesteins werden Bohrungen entweder als Schappenbohrungen oder als Kernbohrungen durchgeführt.
Bei Kernbohrungen wird im nutzbaren Rohstoff ein Mindestkerngewinn von 80%; im unmittelbaren Nebengestein von 60% gefordert.

2.1.1.2. Die Abstände der Bohrungen (Schürfe) sind vom Lagerstättentyp abhängig. Sie können nicht für jeden konkreten Fall vorgeschrieben, sondern müssen vom Erkundungsgeologen ermittelt werden. Die in Tab. (Pt. 6.1) angegebenen Richtwerte stützen sich auf die praktische Erfahrung in der DDR und unterstellen durchschnittliche Lagerstättenverhältnisse des betreffenden Typs; Übergänge von einem Typ zum anderen und Abweichungen vom Durchschnitt werden in der Praxis häufig angetroffen. Der Erkundungsgeologe ist daher verpflichtet, die Richtigkeit der von ihm gewählten Erkundungsabstände (auch bei Übernahme der Richtwerte) zu begründen.

2.1.1.3. Die Erkundungsaufschlüsse müssen bis ins Liegende des in die Berechnung eingehenden Rohstoffkörpers gestoßen werden.
Eine Ausnahme ist dann gestattet, wenn das Liegende gespanntes Wasser führt oder die unteren Partien des Rohstoffkörpers wegen Qualitätsverschlechterung oder zu großer Teufe für den Abbau nicht vorgesehen sind. In diesen Fällen ist das Liegende bzw. der Liegendteil des Rohstoffkörpers durch Einzelaufschlüsse im notwendigen Umfang zu klären.

2.1.1.4. Der Enddurchmesser der Bohrungen muß eine ausreichende und einwandfreie Probenahme ermöglichen.

2.1.2. Zur Bemusterung gehören folgende Arbeitsprozesse: Probenahme, Probenvorbereitung und Probenuntersuchung.

2.1.2.1. Wenn nicht das Material aus allen Bohrungen (Schürfen) untersucht wird, ist bei der Probenahme darauf zu achten, daß einerseits die Zahl der zu untersuchenden Proben der Ausdehnung der Lagerstätte entspricht, andererseits die Proben möglichst gleichmäßig über die Lagerstätte verteilt sind und alle Rohstoffqualitäten und Schichten erfassen, die bei einer späteren Nutzung abgebaut werden.

2.1.2.2. Das Material aus einer Bohrung (Schurf) dient in der Regel für mehrere Proben (Einzelproben) oder eine Gesamtprobe (Mischprobe).
Diese Proben können nur in besonders zu begründenden, von geologischen und technologischen Sonderverhältnissen abhängigen Fällen mit Proben aus anderen Bohrungen (Schürfen) in Gruppen zusammengefaßt werden.

2.1.2.3. In den einzelnen Aufschlüssen sind Schichten und Partien mit unterschiedlicher qualitativer Beschaffenheit möglichst getrennt als Proben zu nehmen. Ausgenommen sind solche Fälle, in denen unterschiedliche Partien nur gemeinsam gewonnen werden können (Ton, Schluff, sandig-kohlige Zwischenmittel u. a.).

2.1.2.4. Die Probenahme hat durch den Erkundungsgeologen bzw. nach dessen Anweisung durch einen Vertreter zu erfolgen.

2.1.2.5. Die Probemenge wird von der Art der Untersuchung bestimmt.
Für Laboruntersuchungen genügen im allgemeinen 2–5 kg Material. Wird dagegen unter Werksbedingungen ein Produktionsversuch (Großversuch, halbtechnischer Versuch) gefahren, sind bis mehrere Kubikmeter Rohmaterial erforderlich, die entweder aus anteiligen Mischproben benachbarter Bohrungen (Schürfe) oder durch Abteufen von Schurfschächten bzw. Bohrungen mit großem Durchmesser gewonnen werden können.

2.2. Der Erforschungsgrad
Zum Erforschungsgrad gehören Untersuchungen zur Rohstoffqualität (mineralogische, chemische, aufbereitungstechnische u. ä.), der verarbeitungstechnologischen Eigenschaften, der bergtechnischen Verhältnisse, die geologische Analyse aller Erkundungsdaten und die Erforschung der Lagerstättengenese.

2.2.1. Die Rohstoffuntersuchung hat das Ziel, die stoffliche Zusammensetzung und die physikalischen Eigenschaften des anstehenden Materials sowie die Verteilung der festgestellten Qualitäten in der Lagerstätte zu ermitteln. In jedem konkreten Fall muß das Untersuchungsprogramm mindestens auf die vorgesehene Verwendung des Rohstoffs ausgerichtet und auf die für bestimmte Erzeugnisse schädlichen Beimengungen (z. B. Kalkkonkretionen, Grobkorn, Sulfate) geachtet werden.

2.2.1.1. Sind Verwendung und verarbeitender Betrieb noch unbekannt, müssen vielseitige Untersuchungen des Rohstoffs (Grundprüfungen oder auch Spezialprüfungen; vgl. Tab. 2 in Pt. 6.4) durchgeführt werden, auf Grund deren die zweckmäßigste Verwendungsmöglichkeit ermittelt werden kann.
Die Ergebnisse solcher Grundprüfungen (Ermittlung der Kornzusammensetzung, des Verhaltens beim Verformen, Trocknen und Brennen sowie die Bestimmung des Mineralbestandes) engen z. B. die keramischen Verwendungsmöglichkeiten ein.

2.2.1.2. Die Untersuchungen toniger Rohstoffe als Zuschlag für die Zementherstellung sind mit den Untersuchungen der Hauptkomponente Kalk nach den Ergebnissen der chemischen Analysen so zu koppeln, daß nach den Kennziffern des Kalkstandards, der hydraulischen Abweichung, des Silikat- und Tonerdemoduls das Mischungsverhältnis für das Zementrohmehl errechnet werden kann.
Dabei dürfen schädliche Beimengungen (MgO, SO_3) die von der Industrie vorgegebenen Grenzwerte nicht übersteigen.

2.2.1.3. Für die Durchführung von Kontrollanalysen sind die Richtlinien der ZVK maßgebend. Die kontrollierten Ergebnisse sind dann eindeutig und für die Vorratsberechnung brauchbar, wenn z. B. die Untersuchungsergebnisse des Werkes und der Spezialinstitute keine für den Verwendungszweck wesentlichen Abweichungen aufweisen.

2.2.1.4. Dienen die der ZVK zur Bestätigung eingereichten Vorratsberechnungen als Grundlage für die Projektierung eines neuen oder die Rekonstruktion eines bestehenden Werkes, sind nötigenfalls Produktionsversuche nach der vorgesehenen Technologie durchzuführen.

2.2.2. Die Klärung der abbautechnischen Verhältnisse
Zur Klärung der abbautechnischen Verhältnisse toniger Rohstoffe sind ausreichende Angaben über die hydrogeologischen Verhältnisse sowie Hinweise auf die günstigste Anlage der Grube, der Strossen und die günstigste Abbautechnologie erforderlich.
Die physikalischen Eigenschaften des Rohstoffs und des Nebengesteins sind hinsichtlich der für den Abbau eingeplanten Geräte zu klären; insbesondere ist bei tonigen Rohstoffen mit hohen Thixotropie- und Quellungswerten deren Auswirkung auf die Standfestigkeit der Strossen zu behandeln.

2.2.2.1. Vorratsberechnungen, in deren Berichten die hydrogeologischen Verhältnisse nicht beschrieben und ausreichend geklärt sind, können nicht bestätigt werden. Wenn während der Erkundung keine Pumpversuche durchgeführt wurden, ist das Auftreten wasserführender Horizonte im Abraum, in den Zwischenmitteln und im Liegenden zu registrieren, wenn möglich der Chemismus des Wassers festzustellen. In diesem Zusammenhang sind Hinweise auf die Möglichkeit von Rutschungen, Schwimmsandeinbrüchen oder Liegenddurchbrüchen infolge gespannten Wassers für die spätere Abbauführung von großer Bedeutung.

Sind die Wasserverhältnisse aus unmittelbar benachbarten Grubenaufschlüssen hinreichend bekannt, kann auf Spezialuntersuchungen weitgehend verzichtet werden.

2.2.2.2. Ist untertägige Gewinnung des Rohstoffs vorgesehen, sind die in den Richtlinien der ZVK geforderten montantechnischen Unterlagen beizubringen und die Untersuchungen möglichst in Übereinstimmung mit dem zuständigen Projektierungsbüro auszurichten.

3. Die Einstufung der Vorräte in die Vorratsgruppen und -klassen

Die Bestimmungen der „Klassifikation der Lagerstättenvorräte fester mineralischer Rohstoffe" vom 31. 1. 1962 sind auf Vorräte toniger Rohstoffe wie folgt anzuwenden.

3.1. Die Vorratsgruppen

Die Zuordnung der Vorräte zu den einzelnen Vorratsgruppen erfolgt auf Grund bestätigter Konditionen, die alle zur Beurteilung des Rohstoffs, seiner Gewinnung und Verarbeitung erforderlichen Kennziffern enthalten müssen (in der Regel: Qualitätsansprüche, Mindestmächtigkeit des Rohstoffs, Verhältnis Abraum: Nutzbarem, maximaler Abraum und Spezialforderungen).

Diese Konditionen hat der Erkundungsgeologe von der verarbeitenden Industrie oder dem Auftraggeber einzuholen. Sie sind von der SPK bzw. dem von ihr beauftragten Organ (VVB, Bezirk) zu bestätigen und abschriftlich der Vorratsberechnung beizulegen.

3.1.1. In der Regel ist gegenwärtig der Abbau nutzbarer Rohstoffe im Tagebaubetrieb von der Erfüllung nachstehender allgemeiner Richtwerte abhängig, die jedoch nicht schematisch übernommen werden dürfen.

3.1.1.1. Die Mindestmächtigkeit des Rohstoffs beträgt im allgemeinen 3 m, bei hochwertigen oder fast zutage anstehenden Rohstoffen 2 m.

3.1.1.2. Das Verhältnis Abraum: Nutzbarem (A:N) überschreitet im Durchschnitt nicht den Wert 1:1, für hochwertige Rohstoffe (z. B. Schamottetone) im allgemeinen nicht den Wert 2:1. Bei sehr ungünstigen A:N-Verhältnissen muß in der Regel entweder die Nutzungsmöglichkeit des Abraums oder die Gewinnung im Tiefbau gegeben sein.

3.1.1.3. Für im Tagebau gewinnbare Kaoline bestehen folgende allgemeine Richtwerte:

Mindestmächtigkeit:	=	3 m
Mindestdurchschnittsmächtigkeit	=	5 m
max. Abraummächtigkeit (bei leichtem Deckgebirge)	=	30 m
max. Abbautiefe (einschl. Abraum)	ca.	70 m

A:N = max. 2,0:1 bei 4 m Nutzkaolin
A:N = „ 1,5:1 „ 10 „ „
A:N = „ 1,3:1 „ 15 „ „
A:N = „ 1,0:1 „ 25 „ „
A:N = „ 0,7:1 „ 40 „ „

3.1.2. Vorräte, bei denen die Konditionen erfüllt sind, sind Bilanzvorräte.

3.1.3. Vorräte, bei denen die Konditionen nicht erfüllt sind, die jedoch in Zukunft bei vorauszusehender technischer Entwicklung abgebaut werden können, sind Außerbilanzvorräte.

3.1.4. Anstehende Rohstoffmengen, die auch in Zukunft eindeutig nicht gewonnen werden können, sind nicht als Vorräte zu berechnen.

3.1.5. Prognostische Vorräte werden für tonige Rohstoffe gewöhnlich nicht berechnet. Eine Ausnahme bilden solche teilerkundeten Lagerstätten, bei denen das Aushalten des Rohstoffkörpers und seiner Qualität für große nichterkundete Flächen vorausgesagt werden kann und diese vorausgesagten Vorräte für die industrielle Einschätzung der Lagerstätte von wesentlicher Bedeutung sind.

Prognostische Vorräte werden von der ZVK begutachtet, jedoch nicht bestätigt.

3.2. Die Vorratsklassen

In Übereinstimmung mit der „Klassifikation der Lagerstättenvorräte fester mineralischer Rohstoffe" müssen für Vorräte toniger Rohstoffe nachstehende Forderungen erfüllt sein.

3.2.1. Klasse A (a)

Die Vorräte toniger Rohstoffe sind entsprechend § 5 der Klassifikation untersucht.

3.2.1.1. Der Berechnungsblock wurde unter Berücksichtigung des Punktes 2.1.1.2. erkundet und liegt im inneren Umriß.

3.2.1.2. Die Erkundungsdaten wurden lückenlos ausgewertet.

3.2.1.3. Innerhalb der Berechnungsgrenzen (für Bilanzvorräte) wurden nur den Konditionen entsprechende Verhältnisse angetroffen.

3.2.1.4. Nach den Untersuchungsergebnissen sind Veränderungen der festgestellten Qualität, z. B. des Anteils magerer Schichten, des Sulfatgehaltes, der Kalkkonkretionen, nicht zu erwarten.

3.2.2. Klasse B (b)

Die Vorräte toniger Rohstoffe sind entsprechend § 5 der Klassifikation untersucht.

3.2.2.1. Der Berechnungsblock wurde unter Berücksichtigung des Pkt. 2.1.1.2. erkundet und liegt in der Regel im inneren Umriß.

3.2.2.2. In besonders zu begründenden Fällen (naher Sicherheitspfeiler, angrenzende Störungen) kann ein Grenzstreifen beschränkten Umfanges (bis zum halben Erkundungsabstand) in den Berechnungsblock bei aushaltender Qualität und Mächtigkeit des Rohstoffs einbezogen werden.

3.2.2.3. Die Erkundungsdaten wurden lückenlos ausgewertet.

3.2.2.4. Stärker mit schädlichen Komponenten des Rohstoffs durchsetzte oder nicht den Konditionen entsprechende Bereiche wurden größenordnungsmäßig abgegrenzt.

3.2.3. Klasse C_1 (c_1)

Die Vorräte toniger Rohstoffe sind entsprechend § 5 der Klassifikation untersucht.

3.2.3.1. Der Berechnungsblock wurde unter Berücksichtigung des Punktes 2.1.1.2. erkundet.

3.2.3.2. Die Erkundungsdaten wurden lückenlos ausgewertet.

3.2.3.3. Die Mächtigkeiten und Qualitäten des Rohstoffs wurden mit ausreichender Zuverlässigkeit ermittelt, die den Abbau und die Technologie der Verarbeitung beeinflussenden Faktoren in ihren Hauptzügen geklärt.

3.2.3.4. Vorräte dieser Klasse sind in Übereinstimmung mit § 8.2 der Klassifikation bei entsprechenden geologischen Verhältnissen im Anschluß an Vorratsblöcke der Klassen A und B zu extrapolieren. Sie liegen in diesem Falle zwischen dem inneren und äußeren Umriß der Lagerstätte.

3.2.3.5. Der äußere Umriß wird je nach den Ergebnissen der auf dem inneren Umriß liegenden Bohrungen (Schürfe) durch Profilkonstruktion oder andere Methoden der Extrapolation gezogen. Bei formalen Entscheidungen darf ein halber Erkundungsabstand für Klasse C_1 nicht überschritten werden.

3.2.3.6. Werden an Vorräte der Klasse C_1 im inneren Umriß bei günstiger geologischer Situation keine Vorräte der Klasse C_2 (s. Pkt. 3.2.4.5.) extrapoliert, kann in den berechneten C_1-Block ein extrapolierter Grenzstreifen einbezogen werden. Seine Breite darf einen halben Erkundungsabstand für Klasse C_1 bei formalen Entscheidungen nicht überschreiten.

3.2.3.7. Liegen Sicherheitspfeiler, natürliche Lagerstättengrenzen usw. in Entfernungen vom inneren Umriß, die geringer als ein Erkundungsabstand von C_1 sind, kann der extrapolierte Grenzstreifen in Abweichung von Pkt. 3.2.3.5. und 3.2.3.6. bei entsprechenden geologischen Voraussetzungen bis zu diesen erweitert werden.

3.2.3.8. Fehlende Extrapolation ist in jedem Falle zu begründen.

3.2.4. Klasse C_2 (c_2)
Die Vorräte toniger Rohstoffe sind entsprechend § 5 der Klassifikation untersucht.

3.2.4.1. Der Berechnungsblock wurde unter Berücksichtigung des Pkt. 2.1.1.2. erkundet.

3.2.4.2. Die Erkundungsdaten wurden lückenlos ausgewertet.

3.2.4.3. Mächtigkeiten und Qualitäten des Materials sind in großen Zügen bekannt, desgleichen die Möglichkeiten des Abbaus und der Verarbeitung.

3.2.4.4. Schließen die nachgewiesenen Vorräte an untersuchte Lagerstätten an, können die Qualitäten und technologischen Eigenschaften des Rohstoffs in Analogie zu diesen angenommen werden. Handelt es sich um Vorräte erstmalig erkundeter Lagerstätten, müssen die Rohstoffparameter durch Untersuchung einzelner Proben bestimmt werden.

3.2.4.5. Im Anschluß an Vorräte höherer Klassen sind Vorräte der Klasse C_2 in Übereinstimmung mit § 8.2 der Klassifikation zu extrapolieren, bei formalen Entscheidungen max. bis zum halben Erkundungsabstand für C_2.

3.2.4.6. Werden nur Vorräte der Klasse C_2 nachgewiesen, kann über den inneren Lagerstättenumriß hinaus ein Grenzstreifen bei günstigen geologischen Verhältnissen in die gleiche Klasse einbezogen werden. Bei formalen Entscheidungen darf ein halber Erkundungsabstand für C_2 nicht überschritten werden.

3.2.4.7. Liegen Sicherheitspfeiler, natürliche Lagerstättengrenzen usw. in Entfernungen vom inneren Umriß, die geringer als ein Erkundungsabstand von C_2 sind, kann der extrapolierte Grenzstreifen in Abweichung von Pkt. 3.2.4.5. und 3.2.4.6. bei entsprechenden geologischen Voraussetzungen bis zu diesen erweitert werden.

3.2.4.8. Fehlende Extrapolation ist in jedem Falle zu begründen.

4. Allgemeine Berechnungs- und Bilanzierungsgrundsätze

4.1. Die Vorräte toniger Rohstoffe für verschiedene Verwendungszwecke sind getrennt zu berechnen und zu bilanzieren.

4.1.1. Setzt sich die Lagerstätte aus verschiedenen Rohstoffen für den gleichen Verwendungszweck zusammen, z. B. Lehm und Schieferton oder Ton und Kaolin, sind die Rohstoffe in der Regel getrennt zu berechnen. Das schließt jedoch nicht aus, daß sie in Hinsicht auf die Verarbeitungstechnologie auch in Mischung bemustert werden können.
Ist eine getrennte Vorratsberechnung nicht möglich, sind die Anteile der Rohstoffe überschlägig in Prozenten anzugeben.

4.1.2. Setzt sich eine Lagerstätte z. B. aus fetten und mageren Tonen zusammen und ist ihr Abbau nur gemeinsam möglich, muß das zulässige Mischungsverhältnis geklärt und durch ihre Bemusterung festgestellt werden, ob die berechneten Vorräte als Ganzes und die geplante Abbauführung laufend eine solche Mischung gewährleisten. Wenn das nicht zutrifft, ist auf diesen Umstand zu verweisen und sind entsprechende Vorschläge für die Nutzung der Lagerstätte zu machen.

4.1.3. Können wertvolle Begleitkomponenten beim Verarbeitungsprozeß gewonnen werden (z. B. Schwerminerale), sind deren Vorräte zu berechnen.

4.2. Werden bei der Erkundung neben dem gesuchten Rohstoff, der Ziel der Untersuchungen ist, im Deckgebirge (Abraum) andere nutzbare Rohstoffe, z. B. wertvolle Sande und Kiese, festgestellt, sind auch diese zu untersuchen und deren Vorratsberechnungen der ZVK einzureichen.

4.3. Vorräte in „ewigen Sicherheitspfeilern" werden zwar berechnet, aber nicht bilanziert.
Vorräte in befristeten Sicherheitspfeilern sind gesondert zu berechnen und zu bilanzieren.
Böschungen der Sicherheitspfeiler werden in der Berechnung der Vorräte berücksichtigt.

4.4. Abbauverluste werden gemäß § 6.2 der Klassifikation nicht berücksichtigt.

4.5. Vorräte in abseits gelegenen Lagerstättenresten sind nach Größe, Qualität, Verkehrslage und Abbaumöglichkeit industriell einzuschätzen. Je nach Ergebnis dieser Einschätzung sind sie in Bilanz- oder Außerbilanzvorräte einzustufen bzw. als Verlust auszuweisen.

4.6. Wiederholte Extrapolation ist unzulässig.
Extrapolation nach der Tiefe ist zulässig, wenn einzelne tiefere Bohrungen das Aushalten des Rohstoffkörpers aufzeigen und eine moderne Abbautechnologie dessen Gewinnung gestattet.

4.7. Die Vorräte toniger Rohstoffe werden in der Regel nach Volumeneinheiten (1000 m^3) berechnet; eine Umrechnung in Gewichtseinheiten (Masse) ist bei exakter Bestimmung der Rohstoffdichte zulässig.

4.8. Von den in den Richtlinien der ZVK geforderten Unterlagen sind der Vorratsberechnung beizugeben:

Berechnungsrisse und -karten im Maßstab 1:5000 und größer für die Vorratsklassen A bis C_1,
für Vorratsklasse C_2 i. M. 1:10000 und größer bei großflächigen Lagerstätten,

charakteristische Schnitte mit Kennzeichnung des Rohmaterials, der bemusterten Bohrstrecken, der Wasserstände, der Lagerstättengrenzen usw.,

Analysenberichte, Prüfzeugnisse und bestätigte Abschrift der Konditionen,

Berechnungstabellen der Durchschnittsmächtigkeiten,

Schichtenverzeichnisse bzw. ausführliche Bohrtabellen oder Säulenprofile.

Die Vorratsrisse haben, möglichst auf einem Riß, auszuweisen:

Mächtigkeiten des Abraums, des Rohstoffs und nichtverwertbarer Zwischenmittel für jeden Erkundungsaufschluß,

Markierung der bemusterten Bohrungen (Schürfe), Lage der Schnitte, Lagerstättenbegrenzung, Teilblöcke und Vorratsklassen.

4.9. Gemäß der ZVK-Richtlinie über Form und Inhalt von Vorratsberechnungen ist zu den Vorratsberechnungen eine industrielle Einschätzung der erkundeten Vorräte mit allen notwendigen Kennziffern zu geben:

Vorgesehene oder optimale Jahresförderung und Lebensdauer des Werkes, Umfang der vorgesehenen Direkt- und Nachfolgeinvestitionen, Amortisationszeit, Selbstkosten je Förder- oder Produktionseinheit im Vergleich mit analogen Betrieben oder dem Durchschnitt des betreffenden Industriezweiges. Diese Kennziffern sind nötigenfalls vom Werk oder Projektierungsbüro bzw. Bezirk oder von der VVB einzuholen.

5. Die volkswirtschaftliche Bedeutung der Vorräte

5.1. Die im Abschnitt V der Vorratsklassifikation fester mineralischer Rohstoffe formulierte volkswirtschaftliche Bedeutung der einzelnen Vorratsklassen und ihrer Gesamtheit wird für die Lagerstätten toniger Gesteine durch Instruktionen und Weisungen der Staatlichen Plankommission eingehend bestimmt.

5.2. Für Entscheidungen, die durch solche Weisungen nicht berührt werden, sind die entsprechenden Festlegungen der Vorratsklassifikation maßgebend.

6. Anhang

6.1. Tab. 1. Richtwerte für Bohr- und Schurfabstände bei der Erkundung von Lagerstätten toniger Gesteine

Lagerstättentyp	Abstände in m für Vorräte der Klassen			
	A	B	C_1	C_2
I	100	200	400	800
II	50	100	200	400
III	–	25	50	100

6.2. Richtlinien für Erkundungs- und Erforschungsarbeiten, Vorratsberechnungen u. a.

1. Vorläufige Arbeitsanweisung zur Felddokumentation geol. Erkundungsarbeiten der Staatl. Geol. Kommission. – Z. angew. Geol., 11/12 (1956).
2. Vorläufige Arbeitsanweisung der Staatl. Geol. Kommission zur Kernentnahme und Kernbehandlung bei geol. Erkundungsarbeiten. – Z. angew. Geol., 11/12 (1956).
3. Vorläufige Richtlinien für die organisatorische Durchführung und die Kontrolle chemisch-analyt. Arbeiten. – Z. angew. Geol., 3, 111–113 (1959).
4. Richtlinien der ZVK über Form und Inhalt von Vorratsberechnungen. – Z. angew. Geol., 9 (1961).
5. Klassifikation der Lagerstättenvorräte fester mineralischer Rohstoffe der DDR vom 31. 1. 62. – Z. angew. Geol., 9 (1962).

6.3. In Ermangelung gültiger TGL werden zur Orientierung Richtwerte für die Rohstoffuntersuchung (vorläufige Gütekennziffern der Industrie und der Institute) gegeben.

A. Qualitätsanforderungen des Instituts für Grobkeramik, Großräschen

Steinzeugtone

1. Steinzeugtone für weiße und farbige – oxydgefärbte – Fußbodenfliesen

Brennfarbe bei 1100–1250 °C: weiß, ein Stich ins Grau ist zulässig, nicht erwünscht ist ein gelblicher Stich

Sinterpunkt – Wasseraufnahme unter 2% – 1100–1250 °C

Sinterintervall – Sinterpunkt – Schmelzpunkt – mindestens 200 °C

Kegelfallpunkt 14–25 = 1410–1550 °C
Brennschwindung maximal 10%

Als empfohlene Richtwerte gelten:

Rationelle Zusammensetzung (Mineralbestandteile)

Tonsubstanz 50–70%
Quarz 40–15% (der Gehalt an Quarz soll möglichst gering sein)
Feldspat 10–15%

Der Ton muß möglichst frei von Schwefelkies – Schwefeleisenverbindungen – und Sulfaten sein. Organische Substanzen sind nicht erwünscht.

Eisen- und Titangehalt
Eisengehalt unter 1,0% Fe_2O_3
Titangehalt unter 0,5% TiO_2

Alkaligehalt
Gesamtalkali ($Na_2O + K_2O$) 2–4%

2. Steinzeugtone für rote und gelbe Fußbodenfliesen

Brennfarbe: bei roten und gelben Fußbodenfliesen reine Entwicklung der Brennfarbe

Bis auf den Eisen- und Titangehalt gelten alle sonstigen Anforderungen wie bei Steinzeugtonen für weiße Fußbodenfliesen.

3. Steinzeugtone für Steinzeugrohre – Kanalisationsrohre – und Klinker

Es werden mit Ausnahme der Brennfarbe und des Eisen- und Titangehalts dieselben Anforderungen wie bei Steinzeugtonen für weiße Fußbodenfliesen gestellt.

Brennfarbe und Eisen- und Titangehalt können beliebig sein. Geringe Mengen von feinkörnigem Pyrit sind zulässig.

Rohkaoline

Es werden dieselben Anforderungen wie von der Steingutindustrie gestellt.

Brennfarbe: weiß bis gelblich bei ca 1300 °C

Brennschwindung: 1–3%

Wasseraufnahme: 20–30%

Körnungsaufbau kann unterschiedlich sein, je feiner – unter 0,063 mm –, um so günstiger für die Vermahlung.

Tonsubstanzgehalt nicht unter 30%

Steinguttone

Auch hier gelten dieselben Anforderungen wie in der Steingutindustrie.

Brennfarbe: weiß bis gelblich, bei ca. 1300 °C

Brennschwindung: 5–10%

Wasseraufnahme: 10–20%

Körnungsaufbau: je feineres Korn – unter 0,063 mm –, um so günstiger für die Verarbeitung.

B) Vorläufige Werkstandards der VVB Feuerfest-Industrie für feuerfeste Tone (nur für Erkundungszwecke)

Schamotteton

Tonqualität:		1	2	3
Al_2O_3	mind.	37%	31%	SiO_2 68–80%
TiO_2	max.	3%	3%	2%
Fe_2O_3	,,	3,5%	3%	2%
Alkalien	,,	2–3%	2–3%	1–2%
Kegelfallpunkt	mind.	32/33	28	mind. 30

Bindeton

Tonqualität:		1	2	3
Al_2O_3	mind.	37%	31%	SiO_2 68–80%
TiO_2	max.	2%	2%	2%
Fe_2O_3		2,5–2,8%	2,5%	2%
Alkalien	,,	2,5%	2,5%	1–2%
Kegelfallpkt.	mind.	33	28	28–29
Glühverlust	max.	14	12	10
Anmachwasser	mind.	33%	Studie	Studie
Gesamtschwindg. b. Brand bis 1200 °C	max.	18%	18%	18%
Dichtbrand b. Kegelfallpkt. 6a = 2% Wasseraufnahme		2%	2%	2% bei Kegelfpkt. 10

C) Vorläufige Werkstandards für Kaoline, herausgegeben von der Forschungs- und Entwicklungsstelle „Kaolin", Kemmlitz (Kreis Oschatz)

Bestimmung der Sedimentationszeit der klassierten Kaolinsuspension und der Filtereigenschaften der eingedickten Suspension (Vorschriften von Kemmlitz erhältlich).

Der Kaolin soll mit 80% Tonsubstanz ein Ausbringen von

30% Labor bzw.
25% Fabrik

geben. Sofern die Abgänge verwendbar sind, können diese Prozente geringer sein.
Für die in der Fein- und Elektrokeramik verwendbaren Kaoline soll der $Fe_2O_3 + TiO_2$-Gehalt 1% (für Spitzenqualitäten 0,5%) nicht übersteigen.

Für feinkeramische geschlämmte Kaoline wird 70–80% Weißgehalt gefordert. Für Papierkaoline ist die Bestimmung der Eisenlöslichkeit nach Sieber erforderlich. Der Weißgehalt geschlämmten Kaolins bei Gewichtskonstanz von 110° soll 75% (80% für Spitzenqualitäten) betragen (vgl. TGL-Entwurf 1961 „Kaolin für Papiererzeugung").

6.4 Tab. 2. Richtlinie über die wichtigsten Untersuchungen toniger Rohstoffe

	Korngrößenbestimmung durch Sieb- u. Sedimentanalysen	Enslinwert	Plastizität (nach PFEFFERKORN) (Anmachwasser)	Bildsamkeit (nach ATTERBERG)	Viskosität/Gießfähigkeit	Trockenschwindung	Trockenbruch-(Trockenbiege-) festigkeit	Brennverhalten bei versch. Temperaturen[1])	Feuerfestigkeit (Kegelfallpkt.)	Säurefestigkeit	Chem. Analyse[2]) (Vollanalyse, evtl. Kurzanalyse)	wasserlösl. Sulfat (evtl. Ausblühversuch)	$CaCO_3$-Gehalt	Organ. Substanz	Ionen-(Basen-) Austauschvermögen	pH-Wert	Thixotropie	Quellvermögen	Weißgehalt mit Leukometer	Mineralanalyse[3]) am Gesamtrohstoff- od. an Einzelfraktionen: Körnerpräparate (Siebrückstand) optisch-mikroskopisch	Differentialthermoanalysen (DTA)	Sonstige Verfahren (Dilatometer, Röntgenanalyse usw.)	Spezialuntersuchungen[4])
	A	B	C	D	E	F	G	H	J	K	L	M	N	O	P	Q	R	S	T	U	V	W	Z
Tone, Lehme u. sonstige tonige Rohstoffe (außer Kaolin) für:																							
Voll- u. Hohlziegel	××		×			××	×	××				××	××							××	×	×	
Dachziegel/Drainrohre	××		×	×		××	××	××				××	××							××	×	×	
Töpfereierzeugnisse	××		×			××	×	××				×	×							×	×		
Feuerfeste Erzeugnisse	××	×	××			××	×	××	××	×	××									×	×	×	
Steingut/Wandplatten	××		×		×	××	×	××	×		×									××	×	××	
Steinzeug/Klinker/Wannen/Fliesen	××	×	×			××	×	××	×	×	×	×	××	×						××	×	××	
Blähsinter	××							××			××		××	××						××	××	×	0
Gießereitechnik	××				×			××			×				×	×		×			×		0
Dickspülung	××	××		×	××						××			×	××	××	××	××			××	×	0
Bleicherde	××	×									×			×	××	××	××	××			××	×	0
Farberde	××	×									×				×	××	×	×			×	×	0
Zementrohstoffe											××		××										
Rohkaolin	××					×	×	×	×		×									×	×	×	
Schlämmkaolin für: Porzellan	××		××		××	××	××	××	×		××			×	×		××		×		××	×	
K-T-Schamotte	××		×			××		××	××		××										×	×	
Papierkaolin	××										×					×			××	×	×		0

×× Grundprüfungen — Durchführung erforderlich, mindestens an einer Auswahl typischer Proben
× Empfehlenswerte Ergänzungsprüfungen
0 Sonstige Spezialuntersuchungen
Bemerkungen zu 1) bis 4) siehe nachfolgende Ergänzung

1. Die brenntechnischen Prüfungen, bei verschiedenen Temperaturintervallen i. allg. von 900 bis 1300 °C oder bei bestimmten, den jeweiligen technischen Brennprozeß entsprechenden Kegelfallpkt.-Werten durchgeführt, umfassen folgende Bestimmungen:
   Brennschwindung, Dichtbrandverhalten (Wasseraufnahmevermögen, Klinkerungs- und Sinterungspunkt), Brennfarbe sowie sonstiges Verhalten der Prüfkörper (Härte, Klang, Rißbildungen, Ausblühungen, Bläherscheinungen u. a.).
2. In Fällen, wo der Verdacht auf gewisse Spurenelemente begründet erscheint, sind im Verlauf der chemischen Analyse nach Möglichkeit auch spektrochemische Untersuchungen durchzuführen.
3. Die Mineralbestimmung toniger Rohstoffe ist in Zukunft mehr zu beachten. Dabei ist zu unterscheiden zwischen den Bestimmungen der gröberen Bestandteile (Siebrückstände) auf Begleitminerale und der Bestimmung der Tonminerale, denen wegen ihres Einflusses auf die Eigenschaften der Rohstoffe besondere Bedeutung zukommt.
   Es ist anzustreben, an charakteristischen Einzelproben — nach Möglichkeit an mehreren Kornfraktionen — neben der DTA auch andere geeignete Untersuchungsmethoden (Röntgen- u. Dilatometeranalyse) von Fall zu Fall anzuwenden. Die in der Spalte W angegebenen Grundprüfungen beziehen sich nur auf ein Verfahren.
4. Spezialuntersuchungen über gewisse allgemeine Prüfungen hinaus sind zur Eignungsbeurteilung der Rohstoffe für bestimmte Sonderzwecke unerläßlich. Ihre Art richtet sich dabei nach den jeweils unterschiedlichen Eignungskriterien, die z. B. bei Tonen für Dickspülung, für Bleicherde- oder Farberdezwecke erfüllt sein müssen. Diese Untersuchungsmethoden sind in den einschlägigen Speziallaboratorien durchzuführen.

6.5. Spezialinstitute für Analysen toniger Rohstoffe (außer Laboratorien der Werke, der Geologischen Erkundungsbetriebe, des Zentralen Geologischen Instituts, Berlin, und der DAMW-Prüfstellen)

Grobkeramische Rohstoffe: Institut für Grobkeramik, Großräschen (NL), Ernst-Thälmann-Str. 32a

Kaolin und Tone für feinkeramische Erzeugnisse: (chem. und phys. Untersuchungen) Wissenschaftlich-Technisches Zentrum der feinkeramischen Industrie, Meißen, Ossietzkystr. 37a

Ton und Kaolin (allgemein), Farberden, Bleicherden u. a.

Spezialzwecke: Institut für angewandte Mineralogie, Dresden A 20, Karcherallee 17

Kaolin: Forschungs- und Entwicklungsstelle „Kaolin", Kemmlitz (Kreis Oschatz)

Tonige Rohstoffe für feuerfeste Erzeugnisse: VEB Entwicklungsbüro Grobkeram-WTZ der Feuerfest-Industrie, Chemisches Labor, Meißen, Brauhausstr. 21

Tonige Rohstoffe für Gießereizwecke: Zentralinstitut für Gießereitechnik, Leipzig W 34, Gerhard-Ellrodt-Str. 24

Tone für Glasindustrie: Institut für Glastechnik, Coswig III (Bezirk Dresden)

Blähtone: Deutsche Bauakademie, Institut für Baustoffe, Weimar, Belvederer Allee 17

Rohstoffe der Grobkeramik, Feinkeramik und Feuerfest-Industrie: Institut f. Silikathüttenkunde, Freiberg, Agricolastr. 17

Zementrohstoffe: Institut f. Zement, Dessau, Brauereistr. 21a

ZENTRALE VORRATSKOMMISSION
FÜR MINERALISCHE ROHSTOFFE
Der Vorsitzende
Stammberger

Die Anwendung der Korrelationsanalyse für die Lösung einiger geochemischer Fragen

Dargestellt am Beispiel der Molybdän-Lagerstätten im östlichen Transbaikalien[1])

A. W. GAGANOW & A. M. KROPATSCHEW

Zur Untersuchung von Genesis und Stoffzusammensetzung einiger Quarz-Molybdänglanz-Gänge im östlichen Transbaikalien wurde die Variationsstatistik angewendet. Als Material für die mathematische Bearbeitung dienten die chemischen Analysen von 75 Proben, die aus Bohrkernen, Schurfschächten und Gräben entnommen wurden. Um die Korrelationen zwischen den Metallen festzustellen und den Charakter der Elementverteilung in den Gängen zu bestimmen, wurden die Proben zusammengestellt. Diese Frage konnte durch die statistische Untersuchung der Wechselbeziehungen zwischen den Werten (W. S. SOLOWE 1938) restlos geklärt werden.

Die mineralogische Untersuchung ging der statistischen voraus. Dadurch werden auf der Lagerstätte Zonen von primären und oxydierten Erzen nachgewiesen, die ebenfalls durch die oben genannten Grubenbaue bemustert wurden. In der Zusammensetzung der primären Erze wurden folgende Erzmineralien festgestellt: Pyrit, Kupferkies, Molybdänglanz, Wismutglanz, Emplektit, ged. Wismut, Bleiglanz, Zinkblende, Tetraedrit, ged. Gold; als Gangarten: Karbonate und Quarz.

In der Oxydations- und Zementationszone sind Molybdänocker, Covellin, Kupferglanz und Cerussit weit verbreitet. Es konnte nachgewiesen werden, daß die Quarz-Pyrit-Molybdän-Gänge in vier Stadien entstanden, die jeweils durch ihre mineralogische Zusammensetzung charakterisiert sind.

Nach der mineralogischen Untersuchung der Erze erfolgte die mathematische Bearbeitung der chemischen Analysen, dabei wurden auf einer logarithmischen Skala Variationskurven nach der von N. K. RASUMOWSKIJ (1940, 1941) beschriebenen Art aufgestellt (siehe Abb.).

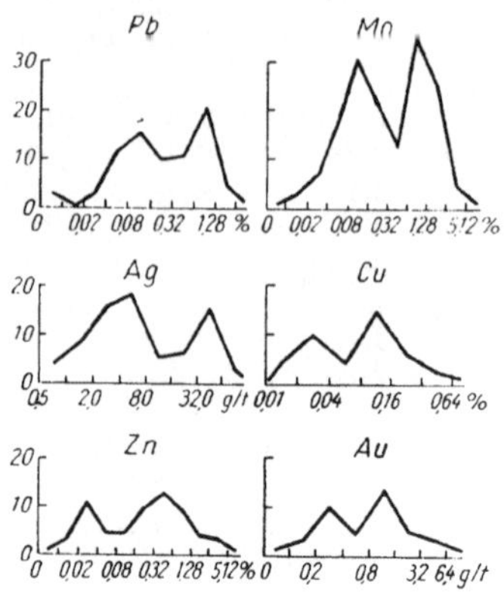

Die Aufteilung der Variationskurven und die Dichte der Mo-, Cu-, Au-, Pb-, Zn- und Ag-Gehalte ist aus der Abbildung ersichtlich.

Nicht eine dieser Kurven besitzt einen kontinuierlichen Verlauf mit einem ausgeprägten Maximum, sondern alle Kurven zeigen zwei Maxima. Das zeugt von der unterschiedlichen geochemischen Situation (P. A. RYSCHOW 1957), die zur genannten Verteilung der untersuchten Elemente führt. Derartige unterschiedliche geochemische Bedingungen gehen auch aus den mineralogischen Untersuchungen hervor, die das Vorhandensein von zwei unterschiedlichen Bildungsbereichen anzeigen, die sich durch ihre mineralogische Zusammensetzung voneinander unterscheiden. Bis zu einer Tiefe von 20 m sind Mineralien mit für die Oxydationszone und die sekundäre Anreicherung typischen Erzstrukturen und Texturen verbreitet. In tieferen Bereichen befinden sich durch Oberflächenvorgänge unbeeinflußte Erze mit allen ihren mineralogischen, strukturellen und texturellen Besonderheiten. So spricht die deutliche Ausbildung von zwei Maxima in den Variationskurven der untersuchten Proben für das Vorhandensein von oxydierten wie auch unveränderten primären Erzen.

Im weiteren Verlauf der Untersuchung wurden für jede Zone die Korrelationskoeffizienten für folgende Elementpaare getrennt berechnet:
Pb—Ag; Pb—Zn; Pb—Au; Mo—Cu; Mo—Au; Mo—Zn; Mo—Pb; Cu—Ag; Ag—Au.

Danach unterscheidet man für die unveränderten Erze zwei Gruppen von Elementen, A und B, die starke Korrelationen besitzen. Zwischen den beiden aufgestellten Elementgruppen sind aber die Korrelationen praktisch gleich Null.

Gruppe A: Gruppe B:

$r_{Pb\text{-}Zn} = +0{,}92 \pm 0{,}03$ $r_{Mo\text{-}Cu} = +0{,}53 \pm 0{,}14$

$r_{Pb\text{-}Ag} = +0{,}75 \pm 0{,}09$ $r_{Mo\text{-}Au} = +0{,}65 \pm 0{,}10$

$r_{Mo\text{-}Pb} = +0{,}06 \pm 0{,}01$

$r_{Cu\text{-}Ag} = +0{,}19 \pm 0{,}06$

$r_{Mo\text{-}Ag} = +0{,}25 \pm 0{,}07$

$r_{Ag\text{-}Au} = +0{,}42 \pm 0{,}13$

Dabei bedeutet:

r = 0,7—1,0	sehr gute Korrelation
0,5—0,7	gute ,,
0,3—0,5	geringe ,,
$<0{,}3$	keine ,,

Nach diesen Werten besteht die engste Korrelation in der Gruppe A bei Pb—Zn, Pb—Ag, Zn—Ag und in der Gruppe B bei Mo—Cu, Mo—Au und Cu—Au. Eine Ausnahme bildet lediglich Gold, das sich in Korrelation mit Silber, aber auch mit anderen Elementen der Gruppe A befindet.

Die dargestellten Korrelationen erbringen den Nachweis, daß in dieser Etappe der Mineralbildung Molybdän, Kupfer, Gold und wahrscheinlich auch Wismut miteinander verbunden sind. Die mineralogischen Untersuchungen unterstreichen die vorhandene Paragenese von Kupferkies, Molybdänglanz und Wismutglanz. Demgegenüber sprechen die Variationskurven und Korrelationskoeffizienten für die gemeinsame Migration und Ablagerung von Blei, Zink und Silber. Die Mineralbildung dieser Elemente fällt deshalb nicht mit der Ablagerung von Molybdänglanz, Pyrit, Wismutglanz und Kupferkies zusammen, das sind vielmehr Mineralien aus der Gruppe B. Im zweiten Stadium der Mineralbildung wurden dagegen Zinkblende, Bleiglanz und Tetraedrit ausgefällt. Bleiglanz bildet den wahrscheinlichsten Silberträger, dafür zeugt auch die enge Korrelation von Silber zu Blei. Für Gold wurde in dieser Zone der primären Erze keinerlei gleichwertige Bindung festgestellt, es ist mit den Elementen der beiden Gruppen A und B verbunden; daraus geht vielmehr eine Ablagerung des Goldes sowohl im Molybdänglanz- wie auch im polymetallischen Stadium der Mineralbildung hervor. Die engsten Korrelationen besitzt Gold

[1]) Aus: „Geochemie", H. 2, 1962 (russ.). — Übers.: H. SCHULZ.

mit Molybdän und Kupfer, Elementen der Gruppe B. Diese geochemische Besonderheit von Gold wurde schon früher von W. K. KOTOULSKIJ & N. N. KUREK (1926) für die polymetallischen Lagerstätten im Altai nachgewiesen. Dieses Verhalten von Gold in den primären Erzen wird dabei durch die fehlende Affinität zu Schwefel erklärt.

Die Berechnung der Korrelationskoeffizienten für die Oxydationszone gestattet ebenfalls, zwei Elementgruppen, C und D, mit starker Korrelation in jeder Gruppe zu unterscheiden. Zwischen den Elementen beider Gruppen fehlen aber praktisch derartige Korrelationen.

Gruppe C:	Gruppe D:
$r_{Pb-Ag} = +0{,}75 \pm 0{,}15$	$r_{Mo-Co} = +0{,}78 \pm 0{,}09$
$r_{Ag-Au} = +0{,}57 \pm 0{,}16$	$r_{Mo-Zn} = +0{,}60 \pm 0{,}16$
$r_{Pb-Au} = +0{,}68 \pm 0{,}12$	

$$r_{Pb-Zn} = -0{,}27 \pm 0{,}08$$
$$r_{Mo-Au} = -0{,}31 \pm 0{,}12$$

Die engsten Beziehungen bestehen bei den Elementen der Gruppe C auf der einen und den Elementen der Gruppe D auf der anderen Seite, während zwischen beiden Gruppen praktisch Korrelationen fehlen.

Die nachgewiesenen Korrelationen ermöglichen die Annahme einer hohen Migrationsfähigkeit von Molybdän, Kupfer und Zink in den Oberflächenprozessen. Während in den primären Erzen Molybdän keine Beziehung zu Kupfer und Zink besitzt, entsteht in der Zone der sekundären Erze zwischen ihnen eine starke Bindung. Aus diesem Grunde kann man in der Oxydationszone bei den Elementen Molybdän und Kupfer von einer hohen Migrationsfähigkeit sprechen. Demgegenüber besitzen die Elemente Blei, Silber und Gold die geringste Löslichkeit. In den primären Erzen besitzen diese Elemente ebenfalls Korrelationen, die auch in der Verwitterungszone erhalten bleiben, d. h. auch in den Oxydationserzen. So zeigt die Anwendung der Variationsstatistik bei der geochemischen Untersuchung von Lagerstätten, daß der Korrelationsanalyse bei der geochemischen Erforschung die Anwendung von Variationskurven vorangehen muß. Davon vermittelt die Verbindung von Blei und Zink einen guten Eindruck. In allen 75 Proben ist der Korrelationskoeffizient Pb—Zn, ohne Berücksichtigung der vertikalen Elementverteilung (in der Zone der unveränderten und oxydierten Erze), gleich $+0{,}39 + 0{,}04$, d. h., er ist kleiner als 0,5. Ein derartiger Koeffizient weist auf nur sehr schwache Korrelationen zwischen beiden Elementen hin. Demgegenüber betragen die getrennt berechneten Korrelationskoeffizienten für die oxydierten Erze $-0{,}28 \pm 0{,}08$ und für die unveränderten, primären Erze $+0{,}92 \pm 0{,}02$. Diese Ziffern zeigen, daß beide Elemente in der Zone der unveränderten Erze miteinander verbunden sind, d. h., mit Zunahme des Gehaltes eines Elementes vergrößert sich der Gehalt des anderen. In der Oxydationszone trennen sich dagegen ihre Migrationswege, wobei mit der Zunahme des einen Elements der Gehalt des anderen kleiner wird.

Folglich werden die nach aus verschiedenen Teilen des Erzkörpers entnommenen Proben berechneten Korrelationskoeffizienten durch unterschiedliche geochemische Bildungsbedingungen gekennzeichnet. Das führt aber zur Verschleierung der vorhandenen Korrelationen. Lediglich die Untersuchung der Elementverbreitung durch Variationskurven in Verbindung mit der mineralogischen Untersuchung geben die Möglichkeit, das tatsächliche Bild der Korrelationen zu bestimmen.

Literatur

KOTOULSKIJ, W. K. & N. N. KUREK: Gornij schurnal, Nr. 7/1926.
RASUMOWSKIJ, N. K.: Dokl. AN SSSR 28, Nr. 9/1940.
— Dokl. AN SSSR 33, Nr. 1/1941.
RYSCHOW, P. A.: O primenenii matematitscheskoj statistiki k ocenke totschnosti podstscheta zapasow mestoroschdenij. — 1957.
SOLOWE, W. S.: Razvedka nedr, Nr. 1/1938.

Geridtete Bohrungen zur Eindämmung offener Eruptionen[1]

A. M. GRIGORJAN

Eines der ausdrucksvollsten Verfahren im Kampf gegen offene Gas- oder Erdöleruptionen ist die Beeinflussung des Endteufenbereichs der eruptierenden Sonde durch speziell abgeteufte, gerichtete Bohrungen.

Gewöhnlich erfolgt eine solche Einwirkung auf den Endteufenbereich durch das gerichtete Bohrloch entweder mittels Einpressens von Flüssigkeit (z. B. Wasser) oder durch die Abzweigung des ausströmenden Mediums zur Verringerung der Auswurfmenge der Eruption.

In beiden Fällen ist die Gewährleistung einer hinreichend zuverlässigen Verbindung zwischen diesen Bohrlöchern entweder im Intervall des aktiven Horizontes selbst oder in einem anderen Abschnitt mit hoher Durchlässigkeit unbedingte Voraussetzung. Doch ist manchmal der Verlauf des Bohrloches nur ungefähr bekannt, weil die Eruption bereits eintrat, bevor die Neigungsmessung ausgeführt werden konnte. Aber auch in den Fällen, in denen die Neigung schon gemessen wurde, bleibt der genaue Verlauf des Bohrloches in gewissen Grenzen fraglich, weil die Meßgenauigkeit unzureichend ist usw.

Wenn die Genauigkeit einer Neigungsmessung für eine Produktionsbohrung vielfach hinreichend ist, so ist sie oft völlig unzulänglich für den Fall, daß mit einem gerichteten Bohrloch eine eruptierende Sonde „angeschnitten" oder wenigstens mit hinreichender Annäherung erreicht werden muß.

So ist zum Beispiel nach markscheiderischen Berechnungen des Zentralen Wissenschaftlichen Forschungsinstituts für Erdöl, wenn man zufällige Fehler ausschließt, die Genauigkeit bei Neigungsmessungen derart, daß sich die Bohrlochsohle in einer Teufe von 1000—2000 m irgendwo in einem Zylinder mit einem Durchmesser von 10—12 m befinden kann.

Daraus folgt, daß es der derzeitige Stand der Technik nicht gestattet, eine zuverlässige Annäherung der Bohrlöcher zu erreichen, geschweige denn, das Zusammentreffen der gerichteten mit der vertikalen Bohrung zu verwirklichen. Diese Annäherung ist weitgehend vom Zu-

[1] Aus: Neftjanoje chosjaistwo, 39, 11, 1961, S. 61—63. Übers.: KÄBEL

fall abhängig, insbesondere wenn man berücksichtigt, daß gewöhnlich versucht wird, die gerichteten Bohrungen, die zur Beeinflussung der eruptierenden Sonden abgeteuft werden, diesen zum Überkreuzen zu nähern (Abb. 1).

In diesem Falle wird es trotz hinreichender Annäherung der Bohrlöcher zu keiner Verbindung zwischen ihnen kommen, wenn sie zufällig im Bereich schwerdurchlässiger Gesteine liegt. Außerdem wirkt sich das geringe Ausmaß des Überkreuzungsbereiches beider Hydro-Bohrlöcher ungünstig auf den Erfolg, die Entlastung der eruptiven Sonde, aus.

Darum kommt es bei Liquidierungsarbeiten an eruptiven Sonden häufig vor, daß ungeachtet des „genauen" Abteufens gerichteter Bohrungen auch mit einem Hydrofrak kein Zusammenwirken der Bohrlöcher im Annäherungsbereich zu erzielen ist.

Berücksichtigt man die auch gelegentlich vorkommenden, in der Neigung mißglückten Bohrungen, so erreicht die Gesamtzahl der Entlastungsbohrungen manchmal ein Dutzend. Damit ziehen sich die Liquidierungsarbeiten oft über längere Zeit hin.

Zur Lösung dieses Problems hat Verf. ein Verfahren gerichteter Hilfsbohrungen erarbeitet und angewendet, welches gestattet, eine hinreichende Annäherung und eine zuverlässige Verbindung der Bohrlöcher auch in solchen Fällen zu erreichen, in denen die Neigung der eruptierenden Bohrung nicht gemessen wurde.

Zu diesem Zweck krümmt man den Lauf der gerichteten Bohrung vor ihrer Annäherung an die Eruptionssonde scharf in Richtung einer Angleichung an die Vertikale in der Absicht, ihn später parallel der ersten Bohrung auf der ganzen Länge der arbeitenden Schicht verlängern zu können (Abb. 2).

Ein solcher paralleler Verlauf der Bohrlöcher ermöglicht eine sichere Verbindung der Sonden miteinander sogar in dem Falle einer gewissen Distanz zwischen ihnen. Dabei wird ihre Verbindung auch infolge des Durchteufens aller hochdurchlässigen Zwischenlagen, die in der Schicht vorkommen, gesichert. Darum hat die unexakte Bestimmung des Bohrlochverlaufs im gegebenen Fall nicht die Bedeutung wie beim Abteufen einer geneigten Bohrung (Abb. 1).

Zur noch weitergehenden Annäherung beider Bohrlöcher wird die geneigte Bohrung in einer Spirale rund um den angenommenen Verlauf der Eruptionssonde geführt. Ein solcherart abgeteuftes geneigtes Bohrloch in der Usbekischen SSR erreichte die Kommunikation beider Bohrungen bereits nach der ersten Halbwindung.

Die Neigung der eruptierenden Sonde war unbekannt. Der ungefähre Verlauf des Bohrloches wurde nach dem Charakter der übrigen Krümmungen im Bereich dieser Lagerstätte bestimmt. Das Bohren bestimmter Abschnitte geneigter Bohrungen in solchen Fällen kann mit einer vielfach größeren Krümmungsintensität durchgeführt werden, als dies beim gewöhnlichen geneigten Bohren üblich ist. Außerdem ist eine höhere Arbeitsgenauigkeit erforderlich und die mehrfache

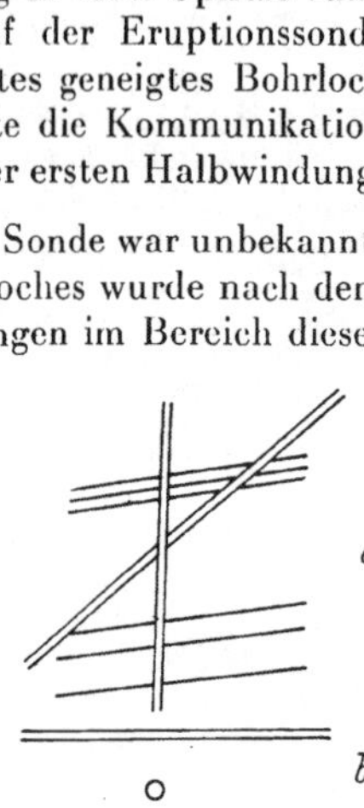

Abb. 1

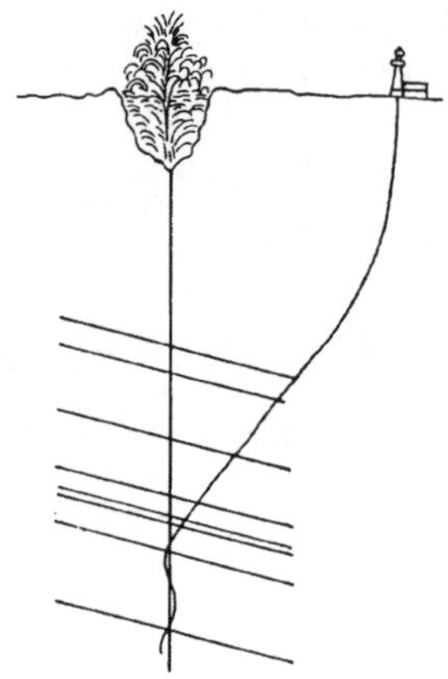
Abb. 2

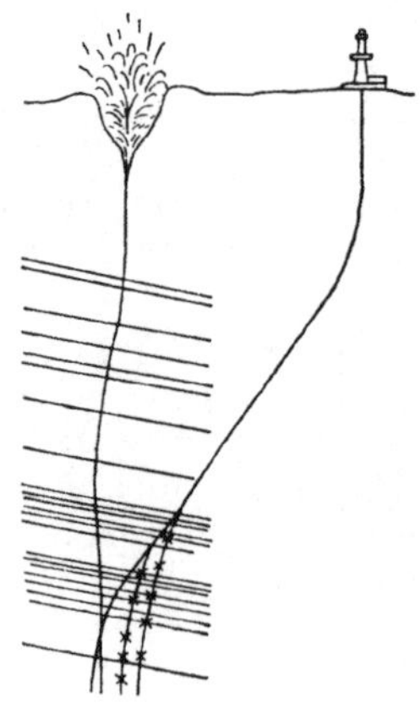
Abb. 3

Anwendung von Ablenkern für das Erreichen und Einhalten der vorgegebenen Richtung. Darum wird beim Abteufen dieser Intervalle zweckmäßig die Methode des Fächerbohrens angewendet.

Das Hauptwerkzeug zum Erzeugen einer scharfen Neigung des Bohrloches ist ein kurzer Turbinenbohrer von 2—4 m Länge.

Bei diesem Verfahren erhöht sich die Möglichkeit einer Kommunikation der Bohrlöcher bereits bei der ersten gerichteten Bohrung bedeutend, doch kann auch in diesem Falle durch technische Unzulänglichkeiten oder Fehlkalkulationen einer solchen Bohrung der Erfolg versagt bleiben. Anstelle der vollständigen Liquidation der geneigten Bohrung wird nur ihr unterer Bereich verfüllt und nach Art des Fächerbohrens erneut abgelenkt.

Verfüllen und Überbohren des untersten Intervalls der gerichteten Bohrung kann praktisch so lange wiederholt werden, bis eine eindeutige und ausreichende Verbindung beider Bohrungen erreicht ist.

Scharf geneigte Ablenkungen, wie sie beim Fächerbohren angewendet werden, unterscheiden sich im Zeitaufwand nicht vom gewöhnlichen gerichteten Bohren. Deshalb ist bei solchen Arbeiten das Überbohren des unteren Intervalls einer Bohrung viel zweckmäßiger und schneller als das Abteufen neuer gerichteter Bohrungen von Tage.

Bei der Projektierung gerichteter Entlastungsbohrungen sind die Besonderheiten ihrer Zielsetzung zu berücksichtigen und schwere Konstruktionen mit technischen Zwischenrohrtouren sowie Vorrichtungen zum Abdichten des Bohrlochmundes anzuwenden. Dabei soll der Schuh der technischen Rohrtour so tief stehen, daß von vornherein die Möglichkeit zum Überbohren des unteren Bohrlochbereiches im Falle einer fehlgerichteten Neigung gegeben ist.

Gleichzeitig ist es für die erfolgreiche Liquidierung der Eruption erforderlich, die Entlastungsbohrung rechtzeitig mit genügend Wasser, Tonspülung usw. zu versehen und eine Ausrüstung zum schnellen Einpumpen der Flüssigkeit bereitzuhalten.

Das Fehlen oder der Mangel an solchen Vorräten und die Einsatzunfähigkeit der Ausrüstung beim Auftreten eines plötzlichen katastrophenartigen Spülverlustes können die Lage weiter komplizieren.

Aufgaben und Bedeutung der Lehre vom Aufsuchen und Erkunden von Lagerstätten mineralischer Rohstoffe

(Zum Aufsatz von W. M. Krejter, Moskau, Z. angew. Geol., 8, H. 9, Berlin 1962)

Stellungnahme von Prof. Dr. Heinrich Kölbel, Lehrbeauftragter am Institut für Geologie der Humboldt-Universität, Berlin, Mitglied der Sektion für praktische Geologie und angewandte Geophysik der Deutschen Akademie der Wissenschaften zu Berlin

Den Aufsatz von W. M. Krejter habe ich mit Interesse gelesen. Ich verstehe nicht, daß man diesem Arbeitszweig den wissenschaftlichen Charakter (bzw. der Vorlesung die Existenzberechtigung) absprechen kann. Daß es sich um einen Zweig der geologischen Wissenschaft handelt, ist gleichfalls nicht zu bestreiten. Voraussetzung ist allerdings das notwendige „Rüstzeug" für Praktiker, Dozenten und Studenten, u. a. umfassende Kenntnisse in mathematischer Statistik, Wahrscheinlichkeits- und Fehlerrechnung. Ich selbst habe seinerzeit im Falle der Kupferschiefererkundung versucht, mit derartigen Gedankengängen zu arbeiten (ständige Abnahme des Fehlers der Vorratsschätzung mit zunehmender Zahl der Bohrpunkte im Gesamtfeld, laufende Berechnung des Gesamtfeldes wegen der Verwirklichung der „großen Zahl" anstelle der Berechnung nach Einzelquadraten, für die sich bei nur einem Beobachtungspunkt überhaupt keine Genauigkeit ergeben kann). Mir fehlte aber die nötige mathematische Grundlage, die mir Schule und Hochschule in dieser Hinsicht nie gegeben hatten. Der Zeitabstand und der Arbeitsanfall waren zu groß, um diese Lücke noch schließen zu können. Die Problematik der von Prof. Krejter behandelten Fragen ist hochwissenschaftlich; die rezeptmäßige Anwendung ist es nicht mehr unbedingt, was ja für jede Wissenschaft gilt. Man wird sich also in Mehr-Lagerstättenkundler und Mehr-Mathematiker (bzw. auch Mehr-Physiker, besonders im Falle von Öl und Gas) spezialisieren müssen.

Wo liegt nun aber die Grenze der Wissenschaftszweige und damit der Vorlesungsthemen? Die Frage der Genese und der Suche steht an dem einen, die Frage der mathematischen (physikalischen) Berechnung am anderen Ende der Reihe. Die Trennung ist schwer und damit das Zusammenfassen zu einer Vorlesung anscheinend berechtigt. Die Spezialisierungsnotwendigkeit verbietet dies. Es sei denn, die Vorlesung würde von zwei (oder mehr) Dozenten in enger Zusammenarbeit und Ergänzung, bei den sich berührenden Abschnitten vielleicht sogar in Referat und Korreferat, gehalten.

Was ich vermisse, ist eine „Regionale Lagerstättenkunde", die das „Wie" mit dem „Wo" und „Wann" verbindet, eine weltweite Betrachtung der Minerogenese auf geotektonisch-paläogeographischer Basis, die aus der Summe der Ergebnisse und Erfahrungen heraus die Perspektiven betrachtet. Die „Geotektonik", welche die Paläogeographie als Indikator der Epirogenese mit der Betrachtung der tektonischen Formen und des Magmatismus als Indikatoren der Tektogenese verbindet, müßte mit einem Blick auf die Minerogenese enden. So schwebt mir dies für die Vorlesung an der Humboldt-Universität vor, wenn es auch wohl aus Zeitmangel nicht von Anfang an verwirklicht werden kann. Anknüpfend müßte die „Lagerstättenkunde" auf den paläogeographisch-tektonisch-magmatischen Grundlagen basieren und mit der Frage nach den Perspektiven enden.

Meines Erachtens darf aber der Lehrplan nicht mehr erweitert werden. Man müßte sich vielmehr allmählich mit der Frage befassen, was man fortlassen oder kürzen kann. Mir scheint, daß mehr Qualität und weniger Quantität am Platze wäre. Die Mängel liegen wohl bereits bei der Schule. Dies zeigt sich besonders kraß am Beispiel des so wichtigen Russisch-Unterrichts, der anscheinend die große Mehrzahl der heutigen Absolventen trotz langjährigen Schul- und Hochschulunterrichts nicht einmal zum Übersetzen oder Lesen russischer Texte befähigt und ihnen nicht die geringste Lust dazu eingeimpft hat, obwohl dies selbst ältere Leute ohne Schule und Hochschule gelernt haben. (Dabei wären aber nicht nur diese eine, sondern mindestens zwei Fremdsprachen nötig.)

Stellungnahme von Dr. Herbert Reh, Lehrbeauftragter am Institut für Geologie und Paläontologie an der Friedrich-Schiller-Universität, Jena

Der Aufsatz von W. M. Krejter hat klar gezeigt, daß sich der als „Methodik des Aufsuchens und der Erkundung von Lagerstätten mineralischer Rohstoffe" nicht sehr glücklich bezeichnete angewandte Zweig der Lagerstättenkunde auch in der Sowjetunion noch nicht ohne Widerspruch durchgesetzt hat. Das ist bei einer so jungen Wissenschaft kein Wunder, zumal die Abgrenzung der dazugehörigen Teilgebiete gar nicht so einfach ist. Immerhin ist interessant, daß die Wissenschaft von der Aufsuchung und Erkundung von Lagerstätten von dem Leningrader Berginstitut ihren Ausgang nahm, sich aber dann bald in die beiden Zweige der Bergbaugeologie und Erkundungstechnik aufspaltete.

Bei uns ist die Entwicklung in ähnlicher Weise verlaufen, da an den Bergakademien Freiberg, Clausthal, Berlin und Leoben Montangeologen ausgebildet wurden, die zu Anfang des 20. Jahrhunderts im Erzbergbau der ganzen Welt ihre mineralogisch-geologisch-lagerstättenkundlichen Kenntnisse nutzbringend verwenden konnten, zumal sie eine bergtechnische Grundausbildung mitbrachten. Es ist in diesem Zusammenhang nicht uninteressant, daß bis 1945 z. B. an der Bergakademie Freiberg die Lagerstättenlehre beim Lehrstuhl für Geologie betrieben wurde. Das bedeutete, daß den Fragen der faziellen und tektonischen Abhängigkeit der Lagerstättenbildung, den bergwirtschaftlichen Zusammenhängen mehr Bedeutung beigemessen wurde. Die heute bei den mineralogischen Instituten gelesenen Vorlesungen über Lagerstättenlehre vermitteln im allgemeinen die Grundkenntnisse über die Lagerstättenbildung auf physikochemisch-geochemischer Grundlage. Lediglich auf der Bergakademie Freiberg findet auch die praktische Lagerstättenlehre eine entsprechende Berücksichtigung. Es fehlen bei uns aber noch im allgemeinen Ausbildungsgang für Mineralogen und Geologen Vorlesungen über die praktische Anwendung der Lagerstättenlehre, d. h. der regionalen Analyse und Erforschung der Lagerstättenhöffigkeit bestimmter Bereiche, der metallogenetischen Provinzen, als Grundlage für das Aufsuchen neuer Lagerstätten.

Aus der Erkenntnis, daß die Lagerstättenbildung nur als Teil des geologischen Gesamtgeschehens zu deuten ist, werden dabei die Zusammenhänge der stratigraphisch-faziellen Entwicklung und der tektonischen Verhältnisse mit mineralbildenden Prozessen verfolgt. Aus der Frage, warum sich das Erz gerade dort befindet, wo es gefunden wird, lassen sich die regionalen Zusammenhänge ableiten, soweit genügend Einzelheiten über die Bildungsgeschichte der Erdkruste in dem besonderen Bereich bekannt sind. Es ist besonders dieser Zweig der Lagerstättenkunde, der mit der Untersuchung der Gesetzmäßigkeiten der Verteilung nutzbarer Rohstoffe Wege für die Prospektion auf einzelne Elemente und zur Beurteilung ganzer Erzprovinzen weist.

Ergänzend zu den Ausführungen von W. M. Krejter ist noch darauf hinzuweisen, daß man in den letzten 30 Jahren auch diesem Metallogenie genannten Zweig der Lagerstättenkunde in der Sowjetunion besondere Aufmerksamkeit gewidmet hat. Das erwies sich als notwendig, als es galt, das enorme Material, das bei der systematischen geologisch-lagerstättenkundlichen Durchforschung dieses riesigen Landes angefallen war, zweckmäßig zu sichten und auszuwerten.

Einer der ersten, der metallogenetische Epochen und Metallprovinzen erkannte, war W. A. Obrutschew in den zwanziger Jahren. Als Begründer der Forschungsrichtung regionale Metallogenie gilt in der Sowjetunion S. S. Smirnow, dessen Arbeiten später von J. A. Bilibin weitergeführt wurden. Dieser widmete vor allem den metallogenetischen Provinzen und den metallogenetischen Epochen grundlegende Untersuchungen.

Eine der wichtigsten Methoden der Feststellung und Abgrenzung metallogenetischer Provinzen ist die Darstellung der für die Erzbildung wichtigsten Faktoren in metallogenetischen Karten. Man hat versucht, diese Karten in Übersichtsdarstellungen prognostisch auszuwerten, mußte jedoch bald erkennen, daß zweckmäßige metallogenetische Karten je nach der Größe der Reviere sowie dem Grad der geologischen Erforschtheit und der mehr oder weniger komplizierten geologischen Struktur der Reviere nur in einem Maßstab von 1:25000 bis 1:200000 erarbeitet werden können.

In Deutschland hat H. STILLE in seinem Werk „Zur Frage der Herkunft der Magmen" (1939) bereits metallogenetische Fragen auf geotektonischer Grundlage behandelt. In lagerstättenkundlichem Sinne hat H. SCHNEIDERHÖHN diese Vorstellungen dann in seiner Arbeit „Genetische Lagerstättensystematik auf geotektonischer Grundlage" (1952) weiter ausgebaut.

Die Metallogenie ist ein wichtiges Glied des geologischen Erkundungsprozesses, den W. M. KREJTER in drei Abschnitte: Aufsuchen, Erkunden und Grubengeologie aufteilt. Ich möchte meinen, daß Erkunden und Grubengeologie irgendwie zusammengehören; denn auch im Grubenbetrieb sind noch laufend Erkundungsarbeiten zu erledigen, wenn der Abbau genügend Vorlauf haben soll. Vielleicht sind die drei Erkundungsabschnitte: Aufsuchen, Erkunden und Beurteilung zweckmäßiger.

Zum Aufsuchen gehören im wesentlichen die metallogenetischen Vorarbeiten, nach denen die Arbeiten zum Nachweis eines Rohstoffvorkommens geführt werden. Die eigentlichen Erkundungsarbeiten werden dann durch die Beurteilung abgeschlossen, wozu die Vorratsberechnung und die Kennzeichnung der Verwertbarkeit zu rechnen sind.

Im Jahre 1957 wurde in der „Zeitschrift für angewandte Geologie" der neue Studienplan für die Fachrichtung Geologie diskutiert. Damals war zu der bereits bestehenden Vorlesung über Bergbau-, Bohr- und Aufbereitungskunde noch die Vorlesung über Methodik der Erkundung und Bemusterung und Bewertung von Lagerstätten gekommen. Beide Vorlesungen wurden von mir seit dieser Zeit mit je zwei Wochenstunden in zwei Semestern vorgetragen. In Anbetracht der obengenannten drei Abschnitte der Erkundungsprozesse fehlt aber noch eine Behandlung der metallogenetischen Vorarbeiten. Zur Vervollständigung des dem Studenten der Mineralogie und Geologie, der einmal als Erkundungsgeologe eingesetzt werden soll, gebotenen Grundwissens wäre demnach noch eine Vorlesung über Metallogenie einzufügen, in der die Grundlagen für das Aufsuchen von Lagerstätten der nutzbaren Rohstoffe gelehrt werden. Bei den komplexen Verhältnissen der verschiedenen Lagerstättentypen und -arten wird es allerdings nur möglich sein, die grundsätzlichen Verfahren und die Prinzipien für das Aufsuchen zu bieten.

Um im Studienplan zeitlich noch Möglichkeiten für eine breitere Behandlung lagerstättenkundlicher Dinge frei zu machen, müßte man unter Umständen daran denken, den Studiengang der Mineralogen und Geologen nach dem Vorexamen aufzuteilen in: reine Mineralogen (neigungsmäßig differenziert nach Kristallographie, Petrographie, Geochemie), Montangeologen (mit besonderer Betonung der allgemeinen und praktischen Zweige der Lagerstättenlehre, späterer Einsatz als Erkundungsgeologen und Grubengeologen), allgemeine Geologen (mit besonderer Betonung der geologischen Kartierung und Geotektonik, späterer Einsatz als kartierende Geologen, Ingenieur- und Hydrogeologen) und Paläontologen (Einsatz für Makro- und Mikropaläontologie).

Für die Wahl einer dieser Fachrichtungen nach dem Vorexamen sollte das Ergebnis der ersten Studienjahre unter Berücksichtigung einer sorgfältigen Bedarfsermittlung durch das Staatssekretariat für Hochschulwesen entscheidend sein. Nur so wird es zu erreichen sein, daß der Volkswirtschaft jederzeit die erforderlichen Fachkräfte zur Verfügung gestellt werden können. Selbstverständlich bedingt das auch eine klare vorausschauende Planung der mineralogisch-geologischen Arbeiten in allen Betrieben der Rohstoffproduktion und -verarbeitung sowie in den Instituten für Lehre und Forschung, damit die zweckmäßigste und gründlichste Ausbildung der Nachwuchskräfte gewährleistet werden kann. Die vor uns stehenden großen Aufgaben bei der Aufsuchung verdeckter Lagerstätten verlangen auf jeden Fall Mitarbeiter mit besten fachlichen Grundlagen.

Zu Fragen der ingenieurgeologischen Kartierung

Arbeitstagung der ingenieurgeologischen Gruppe des Rates für gegenseitige Wirtschaftshilfe vom 3.—12. Mai 1962 in Berlin

FRITZ REUTER, Berlin

In der Zeit vom 3.—12. 5. 1962 fand in Berlin die zweite Arbeitstagung zu Fragen der ingenieurgeologischen Kartierung statt. Auf der Tagesordnung stand das Thema: „Vereinheitlichung von Klassifikationsschemata und der Terminologie für die ingenieurgeologische Kartierung sowie der Methoden zur Bestimmung physikalischer und mechanischer Eigenschaften der Gesteine und anderer Feld- und Laboratoriumsuntersuchungen, die bei der ingenieurgeologischen Kartierung angewandt werden".

Bereits im Oktober 1960 war in Berlin die erste Arbeitstagung durchgeführt worden, auf der von den Delegationen der Mitgliedsländer des RgW eine Methodik für die Anfertigung ingenieurgeologischer Karten erarbeitet worden war. Die diesjährigen Besprechungen fanden in zwei Arbeitsgruppen statt. Eine Arbeitsgruppe beschäftigte sich mit Klassifikationsschemata für ingenieurgeologische Zwecke, während die andere Arbeitsgruppe die Vereinheitlichung der Terminologie sowie von Normen und Arbeitsanweisungen behandelte.

Vor der Konferenz waren bereits alle in den Ländern vorliegenden und das Thema betreffenden Unterlagen ausgetauscht worden. In der Deutschen Demokratischen Republik waren während dieser Zeit drei Arbeitsgruppen damit beschäftigt, das überreichte Material zu sichten und auszuwerten. Ihre Aufgaben bestanden darin, die Unterlagen aller Länder zusammenzufassen und eine Diskussionsgrundlage vorzubereiten, die den Delegierten der Länder auf der Arbeitstagung vorgelegt werden sollte. In den nationalen Arbeitsgruppen waren außer den Vertretern der verschiedenen Betriebe der Staatlichen Geologischen Kommission insbesondere auch Angehörige verschiedener Hochschulen der Deutschen Demokratischen Republik beteiligt, die alle ihre Erfahrungen und Unterlagen in uneigennütziger Weise dem gemeinsamen Arbeitsprogramm zur Verfügung stellten. Auf der Grundlage eines großen Kollektivs war es dann möglich, daß die Arbeitstagung, organisatorisch und fachlich gut vorbereitet, mit zahlreichen neuen Arbeitsergebnissen abgeschlossen werden konnte. Die Besprechungen verliefen in einer Atmosphäre gegenseitigen Verständnisses und ausgezeichneter Harmonie, so daß die Tagung nicht nur eine Bereicherung in fachlicher Hinsicht ergab, sondern auch Gelegenheit bot, zahlreiche freundschaftliche Bande zwischen den Delegierten aller Länder zu knüpfen.

Die Arbeitstagung wurde vom Leiter der Staatlichen Geologischen Kommission, Dipl.-Geol. G. ZINDLER, eröffnet. Im Anschluß daran wurden folgende Vorträge gehalten:

H. KÄBEL, DDR: Vereinheitlichung von Klassifikationen für ingenieurgeologische Zwecke.

H. HÄNICHEN, DDR: Vereinheitlichung von Standards und Arbeitsanweisungen für die Ingenieurgeologie.

A. THOMAS, DDR: Die Terminologie in der ingenieurgeologischen Kartierung.

L. SZEBENYI, VR Ungarn: Neueste Ergebnisse auf dem Gebiete der Entwicklung der Ingenieurgeologie. Bemerkungen zu den die Vereinheitlichung der ingenieurgeologischen Arbeiten betreffenden Unterlagen.

J. MALINOWSKI, VR Polen: Über Laboruntersuchungen, Probenahme und Klassifikation der Gesteine.

T. KLINSKI & J. BAZINSKI, VR Polen: Zur Klassifikation der strukturellen Elemente, der Tektonik, der Geomorphologie und des Grundwassers für ingenieurgeologische Zwecke.

N. KOLOMENSKI, UdSSR: Bemerkungen zum zusammenfassenden Material der DDR.

N. KOLOMENSKI, UdSSR: Über die Grundlagen der ingenieurgeologischen Probenuntersuchungen der Gesteine.

N. KOLOMENSKI, UdSSR: Klassifikation der Gesteine für ingenieurgeologische Zwecke.

L. SMIRNOW, UdSSR: Vorschläge zur Vereinheitlichung der Klassifikationen strukturell-tektonischer und geomorphologischer Elemente, der Karst- und Rutschungserscheinungen sowie der unterirdischen Wässer für ingenieurgeologische Zwecke.

F. PROKOP, ČSSR: Über neue Ergebnisse der ingenieurgeologischen Kartierung. Bemerkungen zu den Verhandlungen der Konferenz und einige allgemeine Fragen der Ingenieurgeologie.

Außer den gehaltenen Vorträgen lagen den Delegierten weitere Unterlagen von den genannten Ländern sowie aus den Volksrepubliken Bulgarien und Rumänien vor. Die ausführliche Diskussion über dieses Material führte zu zahlreichen Empfehlungen, die in den einzelnen Ländern bei der ingenieurgeologischen Kartierung und darüber hinaus selbstverständlich auch bei allen übrigen ingenieurgeologischen Arbeiten berücksichtigt werden sollen. Die Ergebnisse der Arbeitstagung lassen sich wie folgt kurz zusammenfassen:

1. Die nachstehenden Klassifikationsschemata werden zur Anwendung empfohlen:

Klassifikation der tektonischen Strukturen und Formen;

Klassifikation der Karsterscheinungen;

Klassifikation von Rutschungsgebieten (Über die einzelnen Arten der Rutschungen laufen noch weitere Arbeiten, die auf einer späteren Arbeitstagung besprochen werden sollen.);

Klassifikation der unterirdischen Wässer für ingenieurgeologische Zwecke;

Klassifikation von geomorphologischen Elementen für die ingenieurgeologische Übersichtskartierung (eine Klassifikation geomorphologischer Elemente für die Spezial- und Detailkartierung muß noch bearbeitet werden).

Eine Klassifikation der Aggressivität unterirdischer Wässer befindet sich noch in Arbeit. Die in den einzelnen Ländern vorliegenden Normen sehen eine Einteilung der Wässer nach unterschiedlichen Gesichtspunkten vor, so daß auf der Arbeitstagung nur die Grundprinzipien festgelegt werden konnten, nach denen eine Beurteilung der Aggressivität erfolgen sollte.

Allgemeine Klassifikation der Gesteine (Eine Einteilung der Gesteine entsprechend ihrer Korngrößenzusammensetzung stößt zur Zeit noch auf große Schwierigkeiten, da in den einzelnen Ländern für die Korngrößen stark unterschiedliche Abgrenzungen bestehen. Es wird Aufgabe der weiteren Zusammenarbeit sein, auch hier eine Vereinheitlichung herbeizuführen.).

2. Eine einheitliche Terminologie dient der Verständigung der Fachleute sowohl im nationalen als auch im internationalen Rahmen. Es wurde deshalb beschlossen, innerhalb der nächsten zwei Jahre ein Fachwörterbuch aufzustellen, in dem die ingenieurgeologischen Termini aller Mitgliedsländer des RgW enthalten sind. Das Wörterbuch wird in jedem dieser Länder herausgegeben. Die Erläuterung der Begriffe geschieht jeweils in der Landessprache des herausgebenden Landes.

3. In einer Arbeitsgruppe wurden einheitliche Ansichten über die Durchführung der Probenahme und der Untersuchung von Proben im Laboratorium erarbeitet. Die in den einzelnen Ländern vorliegenden Standards wurden verglichen. Den Delegierten wurde empfohlen, bei der Überarbeitung ihrer Standards die modernsten Erkenntnisse der übrigen Länder zu berücksichtigen und einzuführen. Für eine nächste Arbeitstagung haben wir uns vorgenommen, weitere für die Ingenieurgeologie wichtige Standards auszuwerten und zu vereinheitlichen. Auch die ingenieurgeologischen Felduntersuchungen werden auf einer der nächsten Arbeitstagungen behandelt werden.

4. Es wurde beschlossen, daß bei der Darstellung von Gesteinen und ihrer Stratigraphie, von Mineralien, Lagerstätten nutzbarer Rohstoffe sowie anderer geologischer Gegebenheiten auf ingenieurgeologischen Karten die Zeichengebung anzuwenden ist, die von den kartierenden Geologen auf der Warschauer Konferenz im April 1956 und im Mai 1960 angenommen worden ist. Die Vereinheitlichung anderer Zeichen und Farbgebungen auf ingenieurgeologischen Karten wird auf der nächsten Arbeitstagung im Herbst 1963 behandelt werden.

Weitere Berichte, die sich mit einzelnen Fragen beschäftigen, die auf der durchgeführten Arbeitstagung behandelt wurden, werden in zwangloser Reihenfolge in dieser Zeitschrift veröffentlicht werden.

Symposium über rezente Krustenbewegungen

PETER BANKWITZ & HANS-JÜRGEN TESCHKE, Berlin

In der Zeit vom 21. bis 26. Mai 1962 führte die Kommission für rezente Krustenbewegungen der Internationalen Assoziation für Geodäsie (IAG) in Leipzig ihr erstes Symposium durch. Mit der Organisation der Tagung war die Klasse für Bergbau, Hüttenwesen und Montangeologie (Prof. Dr. O. MEISSER) der Deutschen Akademie der Wissenschaften zu Berlin beauftragt.

Teilnehmer aus rund 20 Ländern hatten sich zu diesem ausgezeichnet vorbereiteten Symposium zusammengefunden, um über den Untersuchungsstand subrezenter und rezenter Krustenbewegungen zu berichten und Empfehlungen für eine künftige, weltweite Zusammenarbeit auszuarbeiten.

In den über 60 Vorträgen wurden i. w. drei große Problemkreise behandelt: internationale Zusammenarbeit, Untersuchungs- und Meßmethodik sowie lokale und regionale Ergebnisse.

Die Erforschung der Formveränderung der Erde als eine globale Aufgabe ist gegenwärtig in ein Stadium getreten, in dem Wissenschaftler eines einzelnen Landes nicht mehr in der Lage sind, weltweite Probleme allein zu bearbeiten; vielmehr können die gegenwärtig anstehenden Aufgaben nur noch durch internationale Forschungsprojekte gelöst werden. Eine wesentlich engere Zusammenarbeit im Sinne komplexer Forschung ist aber auch mit den Nachbarwissenschaften, wie der Geologie, Geophysik, Geographie, Astronomie u. a., notwendig geworden (J. D. BOULANGER, Moskau, T. J. KUKKAMÄKI, Helsinki u. a.).

Unter den zahlreichen Vorträgen mit vorwiegend methodischer Fragestellung stand — meist in Zusammenhang mit der Wahl der Bezugspunkte — die Frage nach der Realität der erzielten Meßwerte im Vordergrund (P. S. ZAKATOW, Moskau, T. WYRZYKOWSKI, Warschau). Insbesondere von geophysikalischer Seite wurde auf zahlreiche Möglichkeiten einer Verfälschung der Meßwerte, etwa durch Spiegelschwankungen oder klimatische Faktoren u. a., hingewiesen (G. W. LENNON, Birkenhead, R. TOMASCHEK, Breitbrunn, H. WEISE, Potsdam). Darüber hinaus resultieren noch manche Unsicherheiten daraus, daß eine Trennung von relativen und absoluten Krustenbewegungen heute keineswegs immer möglich ist (A. A. ISOTOW, Moskau, u. a.).

Einen breiten Raum nahmen naturgemäß die Vorträge mit regionalen Problemen ein. Allgemein deutet sich an, daß sich die Kruste gegenwärtig in meist konstanter Bewegung befindet; dabei schwanken die Beträge in den einzelnen Gebieten sehr stark und können mitunter 10 mm/a erreichen (P. P. KAZANCHIAN, Jerewan, L. HOMORÓDI, Budapest, B. KRUIS, Prag, O. SIMONSEN, Kopenhagen, u. a.). Demgegenüber treten in seismisch besonders aktiven Räumen — z. T. im Anschluß an allmähliche Verschiebungen — spontan ablaufende Bewegungen bis zu mehreren Metern auf (S. MIYAMURA, Tokio, E. NISHIMURA, Kyoto, F. A. VENING MEINESZ, Amersfoort).

Eng und wahrscheinlich kausal sind die Beziehungen zwischen der gegenwärtig erkennbaren Bewegungsrichtung und dem Charakter der jeweiligen Struktur der Meßgebiete. So sind z. B. Faltengebirge auch jetzt noch an vielen Stellen im Aufstieg begriffen, während geologisch alte Senkungsstrukturen auch heute negative Werte erkennen lassen (M. TOPERCZER, Wien, u. a.). Seltener sind Fälle, in denen eine

Gegenläufigkeit der Bewegungen auf einen sich künftig ändernden Charakter der Morphologie schließen läßt.

Neben den sehr heterogenen Ursachen der Krustenbewegungen wird in Zukunft ihr rhythmisch-zyklischer Charakter im Vordergrund der Untersuchungen stehen. Daß dabei die Quartärforschung wertvolle Beiträge liefern kann, wurde an mehreren Beispielen gezeigt (B. ROSA, Toruń, u. a.). Als Zeit relativ starker Mobilität scheint sich das Mindel-Riß-Interglazial abzuzeichnen (M. PÉCSI, Budapest, H. VOGT, Strasbourg). Mehrere Vorträge lieferten Beobachtungsdaten, daß die Erdkruste auch in kleineren Räumen Schollencharakter mit unterschiedlicher Relativbewegung besitzt.

Seit der Veröffentlichung A. WEGENERS über „Die Entstehung der Kontinente und Ozeane" vor 50 Jahren hat es nicht an Bemühungen gefehlt, die postulierte Drift durch Messungen für die Gegenwart zu bestätigen. Offenbar sind aber Versuche, die Kontinentaldrift auf Grund von Längengradbestimmungen nachzuweisen, auch heute noch verfrüht, da die eventuellen Verschiebungsbeträge von einigen 10 cm/a noch unter der heute erreichbaren Meßgenauigkeit liegen und einer Kontinentaldrift nicht eindeutig zugeordnet werden können (SCHEGLOW, Taschkent).

Unter den Vorträgen mit vorwiegend praktischer Fragestellung fand besonders der von D. I. & W. I. GOUGH (Salisbury) über Krustenbewegungen in Zusammenhang mit der Füllung des Kariba-Staudammes am Sambesi als Folge der Belastung durch das gestaute Wasser reges Interesse. Nach J. D. BOULANGER (Moskau) sind in der Sowjetunion bei Talsperrenbauten ähnliche Beobachtungen gemacht worden.

Auf die sehr verschiedenen Ursachen der Krustenbewegungen wurde in mehreren Beiträgen eingegangen. Außer tektonischen Schollenbewegungen spielen häufig Erosion, Subrosion von Salzgesteinen, diagenetische Vorgänge, Entlastung der Kruste beim Abschmelzen von Eiskappen, Bodenbelastung durch Wasser u. a. eine Rolle.

Wenn auch viele Fragen in der relativ jungen Disziplin des Studiums rezenter Erdkrustenbewegungen noch offen sind, so wird ihre Bedeutung doch sicher zunehmend größer, wobei neben der wissenschaftlichen Seite die für die praktischen Belange wichtigen Ergebnisse diesen Fortschritt beschleunigen werden.

Die Erkenntnis, daß nur eine enge, international koordinierte Zusammenarbeit den raschen Zuwachs an Erfahrungen und theoretischer Fundierung gewährleistet, darf als eines der wichtigsten Ergebnisse dieses Symposiums gewertet werden. Die Empfehlungen für künftige gemeinsame Forschungsprogramme werden in Form eines Abschlußkommuniqués veröffentlicht.

Besprechungen und Referate

SAINT-AMAND, P.

Los Terremotos de Mayo Chile 1960

US. naval ordnance test station Michelson Laboratories, technical information department, technial article 14, China Lake, California, Aug. 1961, 40 S.

Die Erdbebenkatastrophe, die, verbunden mit Seebebenüberflutungen, Erdrutschen und Vulkanausbrüchen, im Mai 1960 im südlichen Chile ein Gebiet von etwa 160 km Breite und 1600 km Länge verwüstete und u. a. mehrere Städte zerstörte, ist in chilenisch-US-amerikanischer Zusammenarbeit von mehreren Forschungsgruppen in ihren Vorgängen und Ursachen untersucht worden. Der Verfasser, US-amerikanischer Austauschprofessor an der Universität Santiago, schildert in dem mit Karten und Abb. ausgestatteten Artikel den Verlauf der Ereignisse und faßt die Ergebnisse der Untersuchungen zusammen.

Die Beben von extremer Intensität konzentrierten sich auf zwei Hauptzonen. Die eine lief längs der Küste von Puerto Saavedra bis zum Südende der Insel Chiloé. Die hier gelegenen größeren Städte erlitten die stärksten Zerstörungen und Menschenverluste. Die andere erstreckte sich als schmales Band von mehreren 100 km Länge am Rande der Anden, östlich einer Reihe von Seen. Die beiden Zonen konvergierten nach Süden. In dem zwischen ihnen liegenden „zentralen Tal" war die Bebenintensität weit geringer. Dieses mit glazialen und fluviatilen Sedimenten von mehreren 1000 m Mächtigkeit gefüllte Tal bildet eine breite grabenartige Depression zwischen den Anden und der Hügelkette nahe der Küste und verengt sich nach Süden. Die beiden Zonen liegen in den Bereichen von Systemen N—S streichender Spalten, die den Küstenstreifen und den am Rande der Anden laufenden Streifen durchziehen. Die größte der Spalten an der Küste, die Arauco-Spalte, läuft als diskontinuierliches Bruchsystem von der Stadt Conception bis durch die Arauco-Halbinsel und ist durch Luftaufnahmen gut feststellbar. Die auch sehr bedeutende Lumaco-Spalte weiter im Süden ist weniger sichtbar. In der Tiefe dieser ganzen Spaltenregion befindet sich ein mächtiger Batholith von wahrscheinlich mittelkretazischem Alter. Die Beben wurden ohne Zweifel durch teils mehr vertikale, teils mehr horizontale Verschiebungen an den Spalten verursacht. Die Schwingungen während der Beben zeigten keine lokalisierbaren Maxima, woraus auf Herde in 50 km Tiefe geschlossen wird.

Die Spaltensysteme an der sehr geraden und steilen Westfront der Anden sind ebenfalls sehr bedeutend und zeigen starke Vertikalverschiebungen. Die hier 2000 bis 3500 m hohen Anden bestehen in dieser Region zumeist aus andesitischen Porphyren von mittelkretazischem Alter und deren Detritus, sie sind teilweise mit Ergußgesteinen junger Vulkane bedeckt und enthalten Intrusionen von andinen Granodioriten und Dioriten. Auch am Ostrande der Anden laufen Spaltensysteme. Die größte der Spalten an der Westfront, die Reloncavi-Spalte, nähert sich im Süden beim Golf von Ancud der Küste und konvergiert mit den Spaltensystemen längs der Küste. Diese Spalte scheint die Ostgrenze des Bereichs der Bebenherde darzustellen.

Das erste Beben fand wahrscheinlich an der Arauco, Spalte nahe der Stadt Curanilahue in so großer Tiefe stattdaß an der Oberfläche keine Brüche auftraten. Aus der Verteilung der Aftershocks ist ersichtlich, daß es sich wie bei dem großen Kamtschatkabeben von 1952 um eine sich auf 1200 km Spaltenlänge erstreckende, überwiegend horizontale Gleitverschiebung handelt, bei der sich die ozeanische Seite nordwärts und schräg abwärts bewegte. Die Verschiebungen an der Reloncavi-Spalte folgten nach und mit ihnen die Vulkanausbrüche. Der Verfasser kommt zu dem Schluß, daß durch die Nordverschiebung der ozeanischen Seite der Keil zwischen den beiden Spalten- (und Beben-)Zonen gelockert, der Druck vermindert, die Reloncavi-Spalte mobilisiert und die Reihe der Vulkane (besonders der Vulkan Puyehue) aktiviert wurde. An der Nordwestfront des Kraters des Puyehue floß ein Lavastrom von 1 km Länge aus einer neugebildeten 300 m langen Spalte aus. Die Berichte über neuentstandene Vulkane wurden nicht bestätigt. Es handelte sich wahrscheinlich um Schlammausbrüche. Von den zahlreichen Niveauverschiebungen sei die Hebung der Insel Mocha um $2^1/_2$ m hervorgehoben. Die Küste südlich der Arauco-Halbinsel senkte sich im allgemeinen um 1—2 m.

Die Meeresbewegung begann mit einem Zurückweichen des Meeres und hatte eine Periode von 20 Min. Die dritte und vierte Flutwoge waren die stärksten. Die ursächliche Bodenbewegung erstreckte sich sowohl auf ein größeres Gebiet des Meeresbodens als auch auf den Küstenstreifen und bestand wahrscheinlich in einer durch die Vertikalverschiebungen an den Spalten bewirkten Flexurbewegung. Die gesamte Erdrinde wurde dadurch in eine Vibration versetzt, die etwa zwei Wochen andauerte. Daß sich die Bodenbewegung weit landeinwärts erstreckte, wird durch das Eintreffen der ersten Flutwelle bei der Stadt Achao im Golf von Ancud an der Landseite der großen Insel Chiloé bereits 10 Min. nach dem Beben bewiesen. Hätte sich nur der Meeresboden bewegt, so wäre die Welle erst nach einer Stunde bei Achao angelangt.

Größere Aftershocks von zerstörender Wirkung ereigneten sich in Abständen von ein paar Tagen den ganzen Juni hindurch. Kleine Aftershocks sind während mehrerer Jahre zu erwarten.

Im Literaturverzeichnis des Artikels sind eine Reihe von 1960 erschienenen geologischen Berichten chilenischer

Forschungsinstitute über deren die Vorgänge betreffende Untersuchungen aufgeführt. H. HAVEMANN

DLABAČ, M.

Beitrag zur Lösung einiger Probleme der Akkumulation von Erdöl und Erdgas im älteren Miozän des Inneralpinen Beckens

„Geologické práce", Ber. 22, Bratislava 1961

Es werden Erdöllagerstätten beschrieben, die zum Helvet und zum Burdigal gehören. In der stratigraphischen Gliederung schließt sich Verf. an die Arbeit von BUDAY-CICHA (1956) an.

Tektonisch werden zwei Arten von Aufwölbungen unterschieden: a) solche kleineren Ausmaßes, wie die von Hodonín-West, die über begrabenen Flyschrücken entstanden sind; b) solche größeren Ausmaßes, die vertikale Bewegungen des Beckenuntergrunds widerspiegeln. Auf diese Art entstand u. a. der Hodonín-Gbeller Horst. Auch hier kann festgestellt werden, daß Antiklinalgebiete mit Gebieten vorausgehender stärkerer Sedimentation zusammenfallen.

Faziell war die rasche Änderung des Gesamtgehalts in der dritten Zone des Oberhelvets ungünstig für die laterale Migration von Erdöl.

Die Entstehung des Erdöls wurde in drei Sedimentationszyklen nachgewiesen: im Unterburdigal, im Oberburdigal und im Oberhelvet. Die günstigste Situation liegt wohl im oberburdigalischen Schlier vor und in den Sedimenten der dritten Helvetzone. Der Ölgehalt von allseitig abgeschlossenen Sandlinsen und in Sandsteingeröll wird in diesem Sinne gedeutet.

Der Grad der diagenetischen Verfestigung der Gesteine des Inneralpinen Beckens spielt für die Migration und für die Akkumulation von Erdöl und Erdgas eine bedeutsame Rolle. Es wird angenommen, daß bei den mehr oder weniger plastischen Schichten des jüngeren Miozäns und des Pliozäns die Lateralmigration vorherrscht, wogegen bei den Gesteinen des unteren Miozäns und des Flyschs eine Vertikalmigration überwiegt.

Die Erdölakkumulation soll unter faziell günstigen Bedingungen bereits mit der Sedimentation zusammenfallen, während die Entstehung tektonischer Lagerstätten dort verhältnismäßig spät einsetzte und bis in die Gegenwart anhält.

Es werden stabile und unstabile Öllagerstätten unterschieden. Die ersten sind an einfache Aufwölbungen gebunden, letztere werden in wiederholt durchbewegten Bruchgebieten angetroffen, wobei es zur Entleerung einiger an sich günstiger Lager gekommen sein kann.

Im Konglomerat des Oberburdigal werden zwei Arten von Schichtregime unterschieden:

a) ein selbständiges Regime in abgeschlossenen Linsen,
b) eines, das die gesamte Struktur umfaßt. K. KAUTER

LU DUNG-SCHEN & TSCHANG ZUN-HU

Die Löße Chinas[1])

Acta Geologica Sinica, **42** (1962), 1, 1—14

Die im Mittellauf des Gelben Flusses (Hoang-ho) aufgenommenen Vertikalprofile zeigen, daß das unter dem Löß (Hoang-tu — gelbe Erde) begrabene Paläorelief recht verschiedenartig sein kann. Auftreten können in dieser Hinsicht z. B. Wasserscheiden, bestehend aus roten Pliozäntonen oder älteren festen Gesteinen, breite Senken in Kalken, Vortiefen und alte Flußterrassen. Die geomorphologischen Haupttypen der Gebiete, in denen Löß vorkommt — ebene Flächen (chin. juan), lange Bergketten (lan) und gerundete Hügel (mao) — folgen alten Anlagen.

In Lößprofilen mit großer Mächtigkeit sind über zehn Schichten begrabener Böden zu beobachten. Anhand der unterschiedlichen Neigungsverhältnisse kann man feststellen, daß zwei Diskordanzflächen vorliegen. Erosionsoberflächen fallen mit diesen Diskordanzflächen zusammen. Stellenweise wurde im Löß auch Fauna gefunden, z. B. im unteren Teil des Lößprofils bei Utschen in der Provinz Schansi *Proboscidipparion* (Villafranche), darüber *Megaloceros* (*Sinomegaceros*) *flabellatus* (mittleres Pleistozän), darüber *Myospalax fontanieri* (oberes Pleistozän). Die Lößhorizonte mit verschiedenen Faunen sind voneinander durch Erosionsflächen getrennt. Nach Mächtigkeit und lithologischer Ausbildung werden die Lößablagerungen in einen oberen, mittleren und unteren Horizont gegliedert.

[1]) Nach der russischen Zusammenfassung

Die durchgeführten Untersuchungen der Kornverteilung, Schwer- und Tonmineralbestimmungen sowie physikalische Untersuchungen des Lößes gaben die Möglichkeit, die Gesetzmäßigkeiten zu ermitteln, welche die Verteilung des Lößes im Horizontal- und Vertikalprofil regieren. Nach dem Äußeren, den stratigraphischen Verhältnissen und der stofflichen Zusammensetzung werden die in China auftretenden Löße durch eine gewisse Gleichartigkeit gekennzeichnet. Die Bildungen des Hoang-tu besitzen aber in Abhängigkeit von der Bildungszeit, den paläogeographischen Verhältnissen und der morphologischen Position erhebliche regionale Unterschiede, aus Gründen der Tradition werden sie aber nach wie vor als „Löß" bezeichnet. W. OESTREICH

HOOPER, W. F. & J. W. EARLY

Aufnahme eines Profils der mineralogischen Gesteinsbestandteile in mit Luft gebohrten Sonden

Compositional logging of air-drilled wells

Bull. Am. Ass. Petr. Geol., Tulsa, Bd. 45 (1961), 11, S. 1870—1883, 6 Abb., 1 Tab.

Die Autoren bemühen sich um die Ausarbeitung eines Routineverfahrens in Sonden, die mit Luft gebohrt wurden, in denen wegen des feinkörnigen Bohrgutes mikropaläontologische und normale petrographische Bestimmungen sowie wegen der fehlenden Spülung viele geophysikalische Messungen nicht möglich sind. Man zog nur den Bohrstaub unter 0,04 mm in Betracht, weil angenommen werden kann, daß dieser frei von Nachfall ist und eine günstige Aufstiegsgeschwindigkeit hat. Durch Anrühren mit destilliertem Wasser erhielt man auf Glasplatten Proben, die röntgenographisch untersucht wurden. Dabei kam ein halbquantitatives Verfahren zur Anwendung, indem man Vergleichsproben reiner Minerale als Bezugsmaß verwendete. Von ihnen wurden nur einige starke Linien ausgewählt und ihre Intensität als Maximalintensität für das betr. Mineral betrachtet. Durch Vergleich der Bohrproben mit diesen Intensitäten erhielt man Werte für die relative Häufigkeit von Quarz, Kalzit, Dolomit und Tonmineralien in der Probe. Diese wurden dann im Profil dargestellt, entsprechend der Mineralkonzentration Gesteinstypen ausgeschieden und Schichtgrenzen festgelegt. Einige Beispiele erläutern das. Die Ergebnisse sind auch weiterer Auswertung zugänglich, etwa für die Darstellung der gegenseitigen Verhältnisse der Tonminerale, z. B. der marinen Illite gegen die kontinentalen, ufernahen Kaolinite.

Daraus lassen sich Rückschlüsse auf Transgressions- und Regressionszeiten ziehen. R. MEINHOLD

SCHUMANN, H.

Die Grundlagen des geologischen Wissens für Techniker

Verlag Theodor Steinkopf, Dresden und Leipzig 1962. Gr. 8°, 260 Seiten, 165 Abbildungen, 9 Tafeln, Leinwand 29,60 DM.

Wie der Titel des Buches an sich vermuten läßt, sollte hier ein Buch geboten werden, das dem Techniker die Beziehungen zwischen der Bauwirtschaft und der Geologie nahebringt. In dem reinen Textteil von 233 Seiten werden aber auf 212 Seiten lediglich die wissenschaftlichen Grundlagen der Fachgebiete Mineralogie, Petrographie und Geologie gebracht, der der Aufgabe einer solchen Schrift, nämlich die Beziehungen zwischen der angewandten Baugrundwissenschaft und der Geologie herzustellen, nicht nachkommt. Auch vermißt man hier, daß der Autor ein gewisses Empfinden hat, was dem Techniker als Spezialwissen noch zugemutet werden kann und was nicht. So sind z. B. die Kristalloptik und die wissenschaftlichen Grundlagen des Abschnittes „Mineralogie" für den Baupraktiker in der vorliegenden Form überflüssig. In dem Abschnitt Petrographie sind ganz überwiegend nur Felsgesteine behandelt worden, die in der Baugrundgeologie als guter Baugrund gelten und auf denen praktisch jedes Bauwerk errichtet werden kann. Demgegenüber erfahren die Lockergesteine nur eine ziemlich kurze Behandlung. Die auf Seite 91 gebrachte Einteilung der „wichtigsten klastischen Sedimente nach Korngröße" ist sehr problematisch. Weder wurde hier die DIN-Vorschrift noch unsere neue TGL zugrunde gelegt. Dynamische und historische Geologie werden etwa in gleich langen Abschnitten behandelt. Bei der dynamischen Geologie vermißt man die Herausarbeitung der für die Ingenieurgeologie wichtigsten

Prozesse. Der Abschnitt Praktische Geologie wird der Themenstellung des Buches in keiner Weise gerecht. Die Auswahl der Beispiele ist unvollständig und viel zu knapp gehalten. Das zu den ingenieurgeologischen Karten Geschriebene ist veraltet und teilweise falsch. Man vermißt ganz besonders hier (das trifft aber auch für das gesamte Buch zu) ein Eingehen auf die DIN-Vorschriften oder auf TGL. Die für die Ingenieurgeologie und Baugrundwissenschaft sehr wichtige sowjetische Literatur ist in keiner Weise berücksichtigt. Auf die im Anhang gebrachten neun Tafeln von Lebensbildern auf Glanzpapier hätte verzichtet werden können.

Man kann dieses Buch keinem Baugrundpraktiker oder Ingenieurgeologen empfehlen.

Dem Verlag möchten wir empfehlen, beim Druck von Lizenzausgaben eine bessere Auswahl zu treffen.

F. Reuter

Şerbănescu, A.

Studium der Natur der Porphyrine aus rumänischen Erdölen von verschiedenen geologischen Systemen mit Hilfe des Absorptionsspektrums im sichtbaren Bereich

„Petrol si Gaze", Bd. 13, Bukarest 1962, 53–61, 3 Abb., 2 Tab.

Die Untersuchung der Porphyrine ist nicht nur von Bedeutung für die Klärung der Erdölgenese, sie ist auch für die Praxis insofern wichtig, als die Porphyrine die Katalysatoren beim Verarbeitungsprozeß stören. Außerdem verändern sie die Grenzflächenspannungen der Öle und fördern die Emulsionsbildung, was wichtige Folgerungen für die Förderung hat. Aus 16 rumänischen Erdölen wurden die Porphyrine nach einem etwas abgewandelten Verfahren von Treibs isoliert und spektralphotometrisch untersucht. Die noch relativ geringe Zahl der untersuchten Proben zeigt folgende Tendenz: Die Porphyringehalte für ein bestimmtes geologisches System sind sehr ähnlich, es unterscheiden sich aber die Werte in den einzelnen geologischen Stufen. Die Gehalte schwanken zwischen 0,009 und 0,088%, im Mittel 0,046 (463 ppm). Die kleinsten Werte finden sich im Pont (94 ppm), mittlere im Oligozän, Sarmat (395 ppm) und Mäot (362), größere im Daz, Levantin (586 ppm). Die nichtparaffinischen Öle tendieren zu größeren Gehalten als die paraffinischen. Die Spektralphotometrie erlaubte die Unterscheidung von Hämoglobin- und Chlorophyllderivaten. Die meisten Öle enthielten vorwiegend vegetabilische Porphyrine, die Öle im Oligozän, Sarmat und Pont hatten aber vorwiegend tierische. Auch zeigte sich eine relativ größere Häufigkeit der vegetabilischen Porphyrine in den nichtparaffinischen Ölen, wogegen tierische mehr in den paraffinischen Ölen angetroffen wurden.

R. Meinhold

Korzenstein, W. N.

Hydrogeologie der Erdgasprovinz des Zentralen Vorkaukasus (in Verbindung mit Fragen der Bildung, Erkundung und Exploration von Erdgaslagerstätten)

Gostoptechisdat, Moskau 1960. — 259 S., 69 Abb., 35 Tab.

Erdöl- und Erdgaslagerstätten sind nur ein besonderer Teil großer Wassersysteme und physikalisch und chemisch eng mit diesen verbunden. Im Gegensatz zur bisherigen Arbeitsmethodik, die Hydrogeologie im wesentlichen auf die Hydrochemie zu beschränken, legt der Verf. in diesem Buch eine Methode zur komplexen Untersuchung arthesischer Systeme in Erdgasgebieten vor („Methode des WNII Gas"). Auf der Grundlage der lithologisch-faziellen und strukturellen Gegebenheiten wird ein Grundwassersystem besonders durch vier Parameter charakterisiert:

1. Der hydrodynamische Faktor, gekennzeichnet durch den Druckgradienten, gibt Auskunft über Entstehungs- und Erhaltungsbedingungen und über die Lage der Lagerstätten. Bei großen Geschwindigkeiten kann sich erstens das im Wasser befindliche freie Gas nicht ansammeln, zum anderen ist infolge der fortwährenden Zuführung von untersättigtem Wasser die Bildung eines Gleichgewichts zwischen Gas und Wasser nicht möglich. Durch die Wasserbewegung wird außerdem die Lagerstätte vom Gipfelpunkt einer Aufwölbung auf die Flanken verschoben.

2. Der hydrochemische Faktor ist gekennzeichnet:

a) durch die allgemeine Mineralisation (bedingt durch Dynamik und Lithologie,

b) durch den hydrochemischen Typ des Wassers und

c) durch den Gehalt an Mikrokomponenten (entstammt oft einer direkten Beziehung zwischen Lagerstätten und Wasser).

3. Die Gasführung (Zusammensetzung und Sättigungsdruck). Voraussetzung für die Anwesenheit einer Lagerstätte ist ein entsprechend hoher Anteil Kohlenwasserstoffe und eine ungefähre Übereinstimmung zwischen Schichtdruck und Druck des gelösten Gases (Sättigungsdruck). Der Schichtdruck ändert sich mit der Tiefenlage der Schicht; der Sättigungsdruck hängt, außer von der Menge des gelösten Gases, von der Salinität und der Temperatur ab.

4. Die geothermischen Verhältnisse besitzen große Bedeutung für die Gassättigung. Die Bewegung des Wassers ist ein Hauptfaktor des Wärmetransports.

Aus den Untersuchungsergebnissen werden Erkenntnisse über die Entstehung und Hinweise für Suche, Erkundung und Exploration von Gaslagerstätten gewonnen. Als Beispiele:

a) Das Wasser des bedeutendsten gasführenden Horizonts (Unter-Oligozän) ist an allen Stellen mit Gas übersättigt; die Geschwindigkeit ist gering. Die einzige Bedingung für die Gasanreicherung ist die Anwesenheit von Fallen. Die Bildung der Lagerstätten ist noch in vollem Gange.

b) Das Wasser der Paläozän-Ablagerungen ist an Gas untersättigt; die Geschwindigkeit ist groß (hohe Permeabilität). Für die Ansammlung des Gases sind hoch gelegene Strukturen (Sättigungsdruck > Schichtdruck) und Toneinlagerungen (zur Verminderung der Geschwindigkeit) erforderlich. Die Gassättigung des Wasserstromes in Richtung der Lagerstätte ist niedriger als die des Stromes von der Lagerstätte — die Lagerstätten werden bereits zerstört.

E. Neumann

Schimtschischin, J. F.

Erfahrungen beim Turbobohren mit beschwerter Spülung

„Neftjanoje chosjaistwo", 7 (1959), 23–26

Vom Verf. wird aus der Gegenüberstellung beim Bohren mit dem Turbobohrer und dem Rotarybohrer bei beschwerter Spülung der geeignetste Einsatz behandelt. In verschiedenen Bohrgebieten der UdSSR wird mit einer Spülung gearbeitet, bei der die Dichten zwischen 1,70–1,90 g/cm³, die Viskositäten zwischen 70 und 120 sec liegen. Ausgewertet werden 1417 Bohrstrecken mit Dreikegelrollenmeißel im Turboverfahren und 581 Meißelmärsche im Rotaryverfahren. Die Analyse zeigt, daß das Turbobohren von Bohrlöchern mit beschwerter Spülung nicht in allen Fällen und Tiefen wirkungsvoll ist. Entscheidend sind die Betriebsgeschwindigkeit, die Zeit für das mechanische Bohren und die Zeit für den Aus- und Einbau. Das Verhältnis Betriebsgeschwindigkeit v_t/v_r beim Turbine- und Rotarybohren ist entscheidend.

Es wird durch Kurven nachgewiesen, daß unter besonderen Verhältnissen beim Rotarybohren bessere Bohrzeiten mit beschwerter Spülung erreicht werden.

B. Heyne

Gumulczynski, J. & St. Czerwinska

Richtlinien für die Verzögerung der Abbindezeit von inländischen Zementen (bis zu 100 °C)

„Nafta", 10 (1961), 275–281 (poln.)

Durch das Ansteigen des Druckes und der Temperatur im Bohrloch wird die Abbindezeit verkürzt, und der Abbindebeginn kann durch Zusatz von Verzögerungsmitteln verlängert werden.

Den wesentlichsten Einfluß auf die Verkürzung übt die Temperatur vor allem im Bereich zwischen 38 °C und 83 °C aus. Dagegen ist der Einfluß des Druckes geringer. Die VR Polen verfügt über keinen speziellen Tiefbohrzement zur Zementation unter hohen Temperatur- und Druckbedingungen. Es wird deshalb die Wirkung einiger Verzögerungsmittel auf die vorhandenen Zemente untersucht.

Verwendet wurden die Zemente Saturn 350, Gradzisko 350 und Groszowice 400 sowie als Verzögerer Sulfitablauge, Glykocel (CMC-Produkt), Borsäure und Weinsäure.

Aus den Untersuchungen ergibt sich, daß für alle Zementtypen Borsäure und Weinsäure als Verzögerer bis 100 °C geeignet sind.

Diese Zusätze wirken sich nicht negativ auf die anderen Eigenschaften des Zementes, besonders die Festigkeit, aus. Sulfitablaugen und Glykocel können wegen der großen Inhomogenität der Ergebnisse sowie wegen Schäumens des Zementbreis nicht verwendet werden.

K. Schulze

ADAMS, C. S.

Bohren mit Luftspülung in der Aboformation (Air drilling for Abo-pay)

„Petrol. Eng.", Bd. 33 (1961), B-82—B-98

Der Verf. beschreibt ausführlich die Methode des Bohrens mit Luft, die nach längeren Versuchen im Abo-Distrikt von Neu-Mexiko in einer Anhydrit-Kalksteinfolge zur industriellen Anwendung kam. Es wird betont, daß pro Bohrung (6000 Fuß = ca. 1800 m) die Bohrkosten um etwa 45000 Dollar gesenkt und die Bohrzeit um 10 Tage reduziert werden konnten.

Als Rekordzeit wurde dabei das Fertigstellen einer Bohrung von 6350 Fuß (= ca. 1900 m) in $8^1/_2$ Bohrtagen bei einem Verschleiß von nur 6 Meißeln erreicht. Dabei wurde die Standzeit eines Meißels mit 2252 Fuß (= ca. 675 m) in 72 Stunden registriert.

Das entspricht einer mechanischen Geschwindigkeit von etwa 31 Fuß (= ca. 9 m/h). Die Bohrgeschwindigkeit erreichte in trockenem Gebirge annähernd 90 Fuß (= ca. 27 m/h), sank beim „mist"-Bohren in feuchtem Gebirge auf durchschnittlich 34 Fuß (= ca. 10 m/h) ab und erreichte beim Bohren mit Tonspülung nur noch 14—18 Fuß (= ca. 4—5 m/h).

Schwierigkeiten bereiten vor allem der austretende Staub, die Hitze und die konstante Erhaltung der Kompressorenleistung. Vor Wassereinbrüchen kleineren Ausmaßes bestehen keine Befürchtungen. Es wird weitergebohrt. Der „mist", eine Mischung von Wasser, Bohrklein und Preßluft, wird durch ein Ableitungsrohr in ein Reserveschlammbecken geleitet. Vor Erreichen des Speichers wird gewöhnlich auf Tonspülung umgestellt.

Über die Bohrlochkonstruktion und über technische Einzelheiten werden recht ausführliche Angaben gemacht.

Abschließend wird festgestellt, daß mit dieser neuen Methode im besten Falle eine Erhöhung des Bohrfortschritts um 200% und eine Vergrößerung der Meißelstandzeiten um 750% gegenüber dem Bohren mit der üblichen Spülung zu verzeichnen waren. K. KAUTER

LEONOWA, L. L.

Die Verteilung von Thorium in Mineralen aus Granitoiden des Susamyr-Batholiten (Zentraltienschan)

„Geochimija", 6 (1962), 490—496 (russ.)

Die Geochemie von Th innerhalb des magmatischen Prozesses ist bedeutend schlechter untersucht als die von U. Angaben über den Th-Gehalt von Eruptivgesteinen oder gar von einzelnen Mineralfraktionen findet man in der Literatur nur in sehr beschränktem Umfang, wobei sich der größte Teil der Analysenergebnisse auf bestimmte Akzessorien (Monazit, Orthit, Zirkon) bezieht. Dieser Mangel ist die Ursache dafür, daß unsere Kenntnisse über den Charakter der Verteilung von Th in den verschiedensten Mineralen, die an der Zusammensetzung der Eruptivgesteine teilhaben, heute noch recht lückenhaft und hypothetisch sind.

Verf. hat deshalb — nach einer vorausgegangenen Analyse der Verteilung von Uran in den gleichen Gesteinen (LEONOWA & TAUSON 1958) — die wichtigsten gesteinsbildenden und akzessorischen Minerale verschiedener Granitoid-Typen des Susamyr-Batholiten auf ihren Th-Gehalt untersucht. Aus Proben von porphyrartigem Tonalit, Plagiogranit, leukokratem Granit und grobkörnigem Granit wurden Fraktionen von Quarz, Kalifeldspat und Plagioklas, Biotit, Hornblende, Magnetit, Zirkon, Titanit, Orthit, Apatit und Uranthorit isoliert und unter Verwendung des Reagenz „Arsenazo III" kolorimetrisch deren Th-Gehalt ermittelt.

Die niedrigsten Thorium-Konzentrationen wurden in Quarz (durchschnittlich 5—6 γ/g) und in Feldspäten (etwa gleiche Größenordnung) beobachtet. Die Th-Konzentration in Hornblende ist — analog zu Uran — in allen Proben nahezu gleichbleibend (ca. 30 γ/g). Der Th-Gehalt von Biotiten schwankt von 40—50 γ/g bei Biotit-Hornblende-Graniten bis zu 124 bzw. 260 γ/g bei Biotitgraniten.

Die Konzentration im Magnetit entspricht etwa der in Biotit (50—126 γ/g). Ein jäher Anstieg der Werte ist erwartungsgemäß bei den untersuchten Akzessorien zu verzeichnen. Die ermittelten Gehalte für Zirkon (600—1200 γ/g), Apatit (73—121 γ/g), Titanit (220—250 γ/g) sowie für Orthit (0,7—1,6% Th) stimmen im wesentlichen mit den aus der Literatur bekannten Zahlen überein.

Aus der ersten der beiden beigegebenen Tabellen ist ersichtlich, daß nur 60—70% der gesamten im Gestein enthaltenen Thorium-Menge an akzessorische Minerale gebunden sind, während immerhin 30—40% den gewöhnlichen gesteinsbildenden Mineralen (darunter 15—30% allein den hellen gesteinsbildenden Mineralen) zugerechnet werden müssen. Unter den Akzessorien ist in allen Proben vor allem Orthit für die Anreicherung von Th verantwortlich zu machen; die übrigen Minerale (Zirkon, Titanit, Apatit) spielen nur eine untergeordnete Rolle. Radiographien von Orthit stützen die Annahme, daß Th als Vertreter von Seltenen Erden isomorph in das Gitter des Wirtsminerals eingebaut ist. Auch die Gehalte von Thorium in Zirkonen, Apatiten und Titaniten werden auf den isomorphen Ersatz von Zr, TR, Ti und Ca zurückgeführt. Demgegenüber wird für Quarz, Kalifeldspat und Plagioklas die Existenz eines unbekannten Moleküls (möglicherweise ThO_2 oder $ThSiO_4$), d. h. disperse Verteilung des Thoriums, angenommen.

Die Analysen zeigen, daß sich in bezug auf die geochemische Verteilung in bestimmten Mineralen und Gesteinen Th und U sehr nahestehen. E. HARLASS

MANOLESCU, G.

Die Behandlung mit synthetischen Harzen bei salzhaltigen Spülungen

„Petrol si Gaze", Vol. 13 (1962), 1, 6—11

Tannine werden durch synthetische Harze in der VR Rumänien ersetzt. Die Herstellung des phenolischen Harzes Phenaldin durch Kondensierung von sulfoniertem Phenol mit Formaldehyd und Neutralisierung mit Natriumhydroxyd und des Kresylharzes Kresaldina durch Polykondensierung der Kresol-Sulfon-Säuren mit Formaldehyd werden erläutert.

Die Kunstharze sind vollständig in Wasser löslich und werden als Lösung der Bohrspülung zugegeben. Die Kalkzugabe — meist im Überschuß — steuert das Viskositätsverhalten. Der Schaumbildung wird durch die Zugabe von Paraffinlösung entgegengewirkt.

Diese Spülungen, die aus 6% Trepanin, 2% Kalk und 1—2% Ätznatron bestehen, sind auch erfolgreich mit Natriumchlorid geschädigt worden, in der Praxis sogar über den laborativ empfohlenen Höchstsatz von 10%. Als bei einer Bohrung der Einsatz von kohlenalkalischer Lösung erfolglos blieb, ergab die Behandlung mit 4% Kresaldin eine Viskositätssenkung und trotz des hohen Salzgehaltes geringe Filtrationswerte. Eine Behandlung einer beschwerten, ausgesalzenen Spülung mit Stärke zeigt dagegen die bekannten Schwächen, wie unzureichende Thermostabilität und Gärung der Stärke, so daß der Einsatz von Kresaldin praktischer und wirtschaftlicher ist. B. HEYNE

Neuerscheinungen und Literaturhinweise

ANDRUSCHTSCHENKO, P. F.

Konferenz über die Prognose von Nickellagerstätten der Verwitterungskruste

Geologija rudnych mestoroshdenij 1960. — Nr. 4.

Autorenkollektiv

Mineralogisch-geochemische Fazies und Bildungsbedingungen der erdölproduzierenden terrestrischen Ablagerungen des Devons von Westbaschkirien und Osttatarien

Verl. AN SSSR, Moskau 1960. — 148 S.

TROJANSKIJ, S. W.

Geologie und Erkundung von Kohlenlagerstätten mit den Grundlagen der allgemeinen Geologie und der Hydrogeologie

Gosgortechisdat, Moskau 1961. — 319 S.

GORELIK, S. A. u. a.

Die Sandvorkommen der belorussischen SSR und ihre wirtschaftliche Verwendung

Verl. AN BSSR, Minsk 1961. — 170 S.

KLIMENTOW, P. P.

Die Methodik hydrogeologischer Untersuchungen

Gosgeoltechisdat, Moskau 1961. — 389 S.

LISTOWA, L. P.

Physikalisch-chemische Untersuchung der Bildungsbedingungen saurer und karbonatischer Manganerze

Verl. AN SSSR, Moskau 1961. — 118 S.

Nachrichten und Informationen

XXII. Internationaler Geologenkongreß vom 14. bis 22. Dezember 1964 in Neu-Delhi

Der Bereich der Geowissenschaften der DDR wird jetzt in den Internationalen Unionen, auf den Internationalen Geologenkongressen und deren Kommissionen bzw. Subkommissionen durch folgende Komitees vertreten:

Nationales Komitee der DDR für Geologie

Nationales Komitee für Geodäsie und Geophysik der DDR

Nationalkomitee der Geographen der DDR

Vorsitzender des Nationalen Komitees der DDR für Geologie ist Professor Dr. H. WEHRLI, Greifswald; Sekretär, Dipl.-Min. J. LAMPRECHT, Berlin.

Das Nationale Komitee der DDR für Geologie hat als ständiges Komitee u. a. die Aufgabe, in unserer Republik die Vorbereitungen zum XXII. Internationalen Geologenkongreß zu unterstützen und eine Delegation von Wissenschaftlern der DDR zu diesem Kongreß zusammenzustellen. Entsprechende Maßnahmen wurden bereits eingeleitet.

Alle Anregungen und Anfragen von Wissenschaftlern unserer Republik in bezug auf den XXII. Internationalen Geologenkongreß sind direkt an das Nationale Komitee der DDR für Geologie, Berlin N 4, Invalidenstr. 44, Tel. 2206 2649 zu richten. J. LAMPRECHT

Erdöl/Erdgas

Pipelines mit Sonderaufgaben

Der Vorteil des ununterbrochen fließenden Transports hat zur Verwendung von Pipelines auch unter schwierigen Bedingungen und zu ungewöhnlichen Zwecken geführt, worüber ein Artikel von W. CH. MUCKS, im „Volkswirt", Frankfurt/M., Nr. 19, 1962, einen Überblick gibt.

Im indonesischen Teil von Borneo galt es, Erdöl mit sehr hohem Paraffinanteil zu transportieren, das schon bei normaler Lufttemperatur erstarrt. Es durch Vermischung mit anderen Ölen oder durch Erhitzung transportfähig zu machen, kam nicht in Frage, da andere Öle nicht vorhanden waren und Heizstationen unwirtschaftlich gewesen wären. Durch die einfache Beimischung von Wasser von bestimmter Temperatur und bestimmtem Mengenverhältnis zum Öl aber wurde eine normale Verpumpung ermöglicht.

Der Transport von Kohle mit Wasser wird in den USA jetzt bereits durch eine Pipeline von 170 km Länge betrieben. Sie verbindet ein Bergwerk in Georgetown/Ohio mit einem Kraftwerk in Eastlake am Eriesee und befördert stündlich 150 t Kohle. Drei Pumpwerke befördern das Wasser-Kohle-Gemisch mit 5,6 Stundenkilometern bei 27 cm Rohrdurchmesser. Eine weitere Kohlenpipeline von etwa 560 km Länge von Westvirginia bis zur Ostküste der USA ist geplant. Die Kohle braucht vor der Verwendung nicht getrocknet zu werden. Die bisher dem Erdöl und Erdgas vorbehaltene Pipeline macht somit auch die Kohle konkurrenzfähiger.

Neu ist der Pipelinetransport von Helium, das für Raketenantrieb, Atomtechnik und Kältetechnik in zunehmendem Maße benötigt wird. Die erste Heliumpipeline von 690 km Länge soll künftig das Gasfeld Amarillo in Nordtexas mit in Bau befindlichen Heliumwerken verbinden. Bei 9 bis 22 cm Rohrdurchmesser kann das Gas unter sehr hohem Anfangsdruck ohne Zwischenkompressorstationen befördert werden. Wesentlich ist die Güte des Leitungsmaterials, da Heliumgas durch die feinsten Risse und Poren dringt.

Neue Aufgaben stellen auch die submarinen Langstreckenleitungen. Die erste, für Erdgas bestimmte Leitung dieser Art ist zwischen Britisch-Kolumbien und der Insel Vancouver mit 85 km Länge projektiert. Die größte Wassertiefe beträgt 246 m. Während zwei kleine Zwischeninseln mit Stahlrohren überquert werden, ist der Unterwassertransport mit zwei biegsamen Rohrsträngen von je 14,7 cm Durchmesser aus Kunststoff mit Stahlbandarmierung in einem Mantel aus einer Bleilegierung geplant, die wie Unterseekabel vom Schiff aus verlegt werden können. Bei einem Druck von 180 atü wird eine Tageskapazität von 1,4 Mill. m³ erwartet. Als technischer Vorläufer für künftige Mittelmeer-Pipelines Sahara—Europa ist dieser erste Unterwasserversuch größeren Stils von erheblichem Interesse. Ha.

Die Erdölproduktion in Nahost und Afrika

Die Erdölproduktion der Länder des Nahen Ostens betrug im Februar 1962 gegenüber Februar 1961 (in 1000 barrels täglich) in

	Febr. 1962	Febr. 1961
Bahrein	45,1	45,0
Iran	1162,0	1168,0
Irak	1009,3	983,3
Israel	2,8	2,8
Kuwait	1790,9	1615,5
Neutrale Zone	184,1	152,0
Qatar	187,2	177,3
Saudi-Arabien	1453,9	1547,2
Türkei	9,1	7,0
Zusammen	5844,4	5698,1

Die Produktion afrikanischer Länder betrug (in 1000 barrels täglich) in

	Febr. 1962	Febr. 1961
Algerien	414,0	323,1
Angola	1,5	1,5
Ägypten	74,2	70,2
Gabun	15,3	15,4
Libyen	47,1	–
Mittlerer Kongo	2,1	2,1
Marokko	1,7	1,6
Nigerien	62,0	19,7
Zusammen	617,9	433,6

Ha.

24–28 Mrd. t Erdöl in der UdSSR

Die sowjetischen Gesamtvorräte an Erdöl belaufen sich nach den neuesten Schätzungen auf 24 bis 28 Mrd. t. Das ist rund ein Drittel der Weltvorräte. Das seinem geologischen Aufbau nach als vermutlich erdölhöffig zu wertende Gebiet der Sowjetunion umfaßt 11 Mill. km², ist also größer als der Raum Europas. Der Anteil des Erdöls an der Gesamterzeugung von Energie wird sich in der Sowjetunion den Voraussagen nach von 23,4% (1957) bis 1972 auf 34,4% steigern. Erdöl und Erdgas zusammen werden 57,5% der Energieerzeugung ausmachen. Im Raum zwischen Wolga und Ural befinden sich mehr als die Hälfte der bis jetzt bekannten Erdölvorräte der UdSSR. Im Kaukasusgebiet, im Randbereich des Kaspischen Meeres und im Ferganatal sind weitere Hauptgebiete. Die neuen in Sibirien entdeckten Vorkommen bedeuten einen schon jetzt erheblichen Anteil an den Gesamtvorräten, der sich vermutlich weiter vergrößern wird. Ha.

Verfahren zum Aufspüren von unterirdischen Erdöllagern

Bei der geochemischen Ortsbestimmung von unterirdischen Erdöllagern nimmt man an, daß Kohlenwasserstoffe aus unterirdischen Lagern nach oben wandern, so daß die Anwesenheit von Kohlenwasserstoffen in Erdschichten nahe der Erdoberfläche auf unterirdische Erdöllager hinweisen. Es können jedoch in der Erde auch Kohlenwasserstoffe anderer Herkunft vorhanden sein, z. B. kann Methan als Folge pflanzlicher Zersetzung vorkommen. Ein neues Verfahren gibt nun die Möglichkeit, durch eine abgeänderte Infrarotuntersuchung der Bodenproben nicht nur die Menge der darin vorhandenen Kohlenwasserstoffe zu bestimmen, sondern auch eine Entscheidung zu treffen, ob es sich um aus einem Erdöllager kommende Kohlenwasserstoffe handelt oder nicht. Die der Schürfzone entnommenen Proben werden mit einem Lösungsmittel ausgezogen, um aus ihnen

Extrakte zu erhalten, die etwa in der Erdprobe vorkommende Kohlenwasserstoffe oder deren Derivate enthalten. Anschließend leitet man eine Infrarotstrahlung mit einem Wellenlängenbereich zwischen etwas oberhalb und etwas unterhalb von 12,35 + 0,10 Mikron und einem zweiten Längenwellenbereich zwischen etwas oberhalb und etwas unterhalb von 13,40 ± 0,10 Mikron durch den Extrakt und bestimmt das Ausmaß der Absorption der Infrarotstrahlung bei den Wellenlängen 12,35 ± 0,1 und 13,40 ± 0,1 Mikron im Vergleich zur Absorption der Infrarotstrahlung bei den Wellenlängen etwas oberhalb und etwas unterhalb von 12,35 ± 0,1 Mikron und etwas oberhalb und etwas unterhalb von 13,40 ± 0,1 Mikron.

Erhält man Absorptionskurven, die in diesen beiden Bereichen Absorptionsmaxima aufzeigen, so sind sicher Kohlenwasserstoffe oder deren Derivate, die aus Erdöl stammen, vorhanden. Dieser Schluß ergibt sich aus dem Ergebnis eingehender Untersuchungen, daß ein rohes Erdöl Infrarotstrahlung mit Wellenlänge in den Bereichen mit 12,35 ± 0,10 und von 13,40 ± 0,10 Mikron immer in einem größeren Ausmaß absorbiert als eine Infrarotstrahlung mit Wellenlängen, die etwas länger oder kürzer als 12,35 ± 0,10 und 13,40 ± 0,10 Mikron sind.

(DBP. Anm.: 1130609) H. Friedemann

6000-m-Bohrung bei Bremen

In der Garlstedter Heide bei Bremen wurde am 1. 6. 1962 mit einer Bohrung auf Erdgas begonnen, die bis auf 6000 m Tiefe niedergebracht werden soll. Ein etwa 50 m hoher Viergittermast wurde von der Gewerkschaft Elwerath, die die Bohrung unternimmt, bei Heilshorn (Kreis Osterholz) errichtet. Rund 10 Mill. DM sollen für die Bohrung aufgewendet werden, die voraussichtlich 18 bis 24 Monate bis zum Fündigwerden in Anspruch nehmen wird. Bei Rotenburg (Hannover) wurde mit der gleichen Bohranlage kürzlich eine Bohrung bis 5350 m niedergebracht. Ha.

Erdgas erstmalig in Neuseeland erbohrt

Bei Kapuni in der Provinz Taranaki auf der Nordinsel wurde erstmalig in Neuseeland Erdgas erbohrt, und zwar ein bedeutender Gaskondensatspeicher. 83 m³ Kondensat und rd. 6000 m³ Gas strömen täglich aus. Die Vorräte von Kapuni werden einstweilen auf etwa 16 Mrd. m³ geschätzt. Die Bohrung wurde in 3700 m Tiefe fündig, zwei weitere Bohrungen zur genaueren Erkundung sind geplant. Neuseeland tritt damit in die Reihe der in beachtlichem Umfang Erdgas produzierenden Länder. Ha.

Neue fündige Unterwasserbohrung im Persischen Golf

Im nördlichen Persischen Golf, in etwa gleichem Abstand von der West-, der Nord- und der Ostküste, wurde von der Iran Pan American Oil in 2200 m Tiefe in einer 64 m mächtigen Schicht (Burgan-Sande der Mittleren Kreide) ein neues Erdölvorkommen erbohrt. Die Cyrus 2 A genannte Bohrung erwies sich mit 2000 m³ täglich als doppelt so ergiebig wie die in derselben Region bereits niedergebrachte Bohrung Cyrus 2, die in 2900 und 3050 m Tiefe auf Erdöl stieß. Die Struktur scheint drei erdölführende Zonen zu haben. Bei den Burgan-Sanden handelt es sich um dieselbe Schicht, die sich auch im Westen in den Feldern von Kuwait, Saudi-Arabien und der Neutralen Zone als sehr ergiebig erwies. Die im Vorjahre bei Kharg Island (weiter im Osten nahe der Küste) niedergebrachte Bohrung Darius 1, die aus 3700 m Tiefe 5700 m³ fördert, traf dagegen auf eine von den Burgan-Sanden unabhängige Struktur. Ha.

Kohle

Steigender Energieverbrauch — sinkender Kohlenverbrauch

Der gesamte Energieverbrauch der kapitalistischen Länder Europas (ohne Spanien und Finnland) ist nach dem letzten Bericht des Kohlenausschusses der OECD (Organisation of economic cooperation and development) nach „Petroleum Press Service“, London Nr. 5, 1962, von 1955 bis 1960 (weitere endgültige Zahlen fehlen noch) von 777 Mill. t SKE auf 879 Mill. t SKE, also um 13%, gestiegen. Da jedoch in den genannten Ländern das BSP (Bruttosozialprodukt) um 24% anstieg und der Verbrauch von Primärenergie etwa mit dem BSP Schritt hielt, wird der Schluß gezogen, daß bei dem Brennstoffverbrauch ein zunehmender Wärmewirkungsgrad erreicht wurde.

Der wachsende Energiebedarf wurde jedoch fast ausschließlich durch Erdöl und Erdgas gedeckt, wodurch sich auch der gesteigerte Wirkungsgrad erklärt. Der Erdölverbrauch nahm von 152 Mill. t SKE (1955) auf 262 Mill. t SKE zu und stieg damit von 20 auf 30% des Gesamtverbrauchs. Der Kohlenverbrauch sank dagegen von 509 Mill. t (1955) auf 465 Mill. t (1960), was ein Herabgehen von 65% auf 53% des Gesamtverbrauchs bedeutet. Der Kohlenverbrauch in der Industrie (außer Kraft- und Gaswerken und Kokereien) ist sogar von 81,1 auf 56,2 Mill. t gesunken, während der Schwerölverbrauch in der Industrie von 30,7 Mill. t (1955) auf 63,6 Mill. t SKE (1960) anstieg. Im Hausbrand sank zwar der Kohlenverbrauch nur von 76 Mill. t (1956) auf 70 Mill. t (1960), aber der Schwerölverbrauch stieg von 24,5 auf rund 40 Mill. t SKE. Bei den Eisenbahnen zeigt sich ein Rückgang des Kohlenverbrauchs infolge zunehmender Elektrifizierung von 35 Mill. t (1956) auf 24 Mill. t (1960). Eine Verbesserung der Situation für die Kohle ist dagegen bei der indirekten Verwertung zu verzeichnen. 1950 betrug hier der Verbrauch von Kohle 49,6% des Gesamtabsatzes, 1960 waren es 63,2%. Ha.

Eisenerze

Die Eisenerze von Kursk

Die Vorräte der bekannten Eisenerzlagerstätten von Kursk haben sich nach den neusten Erkundungen als um ein Vielfaches größer erwiesen, als man früher annahm. Die in der Welt einzigartige magnetische Anomalie von Kursk bewog seinerzeit Lenin, gründliche Erkundungen anzuordnen. 1923 begann nach Anlage von Schächten die Förderung von Erzen mit 65% Fe. Nach der Zerstörung der Schächte im Hitlerkrieg wurden in den fünfziger Jahren die Schürfarbeiten mit modernster Technik wiederaufgenommen. Die Feststellung, daß sich die Anomalie statt, wie anfangs angenommen, auf 250 km auf 850 km von W nach E und auf eine Fläche von 160000 km² erstreckt, deutete auf ein Erzlager größten Umfangs. Die 1937 noch auf 58 Mrd. t geschätzten Vorräte werden nunmehr auf 267 Mrd. t geschätzt und stellen das größte Eisenerzlager der Welt dar. Da sich in demselben Gebiet auch reiche Steinkohlenvorkommen befinden, so eröffnen sich hier für die sowjetische Eisen- und Stahlerzeugung unbegrenzte Möglichkeiten. Ha.

Weitere sowjetische Eisenerzvorkommen aufgeschlossen

Die Ausbeutung der sowjetischen Eisenerzvorkommen im Gebiet von Kustanai (Sokolowsk-Sarabajsk, Lisakowsk und Kacharsk) wurde in Angriff genommen. Eine Jahresproduktion von 83 Mill. t Eisenerz ist projektiert. Die bereits begonnene, zunächst auf 15 Mill. t jährlich angesetzte Erzförderung aus der Lagerstätte von Sokolowsk-Sarabajsk, deren Erz hohe Gehalte an Schwefel, Kobalt, Kupfer, Zink und Blei besitzt, soll auf 26,5 Mill. t gesteigert werden. Bei Lisakowsk soll außer der bereits in Produktion genommenen später eine weitere Lagerstätte ausgebeutet werden, von der eine Jahresförderung von 35 Mill. t zu erwarten ist. Ha.

Eisen und Stahl in Italien

Der Fachverband der eisenschaffenden Industrie Italiens (ASSIDER) macht über die Eisen- und Stahlproduktion des Landes 1961 folgende Angaben (in Mill. t):

	1961	1960
Rohstahl	9,150	8,230
Roheisen	3,050	2,683

Bis 1965 wird eine Steigerung auf 14 Mill. t Rohstahl und 8 Mill. t Roheisen erwartet. Der Stahlverbrauch Italiens ist 1961 um 15,3% gegenüber dem Vorjahr gestiegen und hat 10,6 Mill. t erreicht. Ha.

Magnesitproduktion in Österreich 1961

Die österreichische Magnesitproduktion hat durch Modernisierung der Anlagen 1961 gegenüber 1960 folgende Steigerungen erreicht (in t):

	1960	1961
Rohmagnesit	1635400	1798667
Sintermagnesit	499536	542325
kaustisch gebrannter Magnesit	120681	129747
Magnesitziegel u. -platten	260184	294688
Flugstaub	47184	52401

(nach DIM 19. 3. 62) Ha.

NE-Metalle

Australiens große Bauxitvorkommen

Auf der Ost- und Westseite des Carpentaria-Golfs im Norden von Australien wurden vor wenigen Jahren große Bauxitvorkommen entdeckt. Die seitdem durchgeführten Erkundungen ergaben, daß es sich um das größte Bauxitvorkommen der Welt handelt. Es soll drei Mrd. t Vorräte enthalten, davon allein 1 Mrd. t im Gebiet von Weipa im Nordwesten der Halbinsel York. Die der Aluminium Production Corp. Ltd. gehörende bisher einzige Aluminiumhütte Australiens in Bell Bay erzeugte 1960 12000 t, 1961 15000 t Rohaluminium. Nunmehr wird die mit amerikanischem und britischem Kapital arbeitende Gesellschaft Comalco Industries eine Tonerdefabrik in Queensland bauen, um die Hütte in Bell Bay und eine projektierte Hütte in Bluff im Süden Neuseelands (Jahreskapazität 100000 t Rohaluminium) mit Aluminiumoxyd zu versorgen. Die Kapazität von Bell Bay soll bis 1963 auf 32000 t, bis 1964 auf 48000 t erhöht werden. Auch in den Darling Ranges bei Perth im Südwesten Australiens wurde ein Bauxitvorkommen entdeckt, das mindestens 80 Mill. t enthalten soll. Dort wird in Kwinina, dem neuen Hafen bei Perth, eine nur 50 km von der Lagerstätte entfernte Tonerdefabrik entstehen, die eine in Port Henry (Geelong) im Bau befindliche Hütte mit Aluminiumoxyd versorgen soll. Ab 1964 wird Australien voraussichtlich über eine Gesamtproduktionskapazität von 88000 t Aluminium verfügen. Ha.

Aluminiumsulfat aus Kohleschiefer

Vorkommen von Ton und Kohleschiefer sind in Nordamerika reichlich vorhanden, während Bauxit zu 88% aus Mittelamerika eingeführt werden muß. Dies hat jetzt, nach vielen früheren Versuchen, zur Entwicklung eines wirtschaftlich lohnenden Verfahrens der Gewinnung von Aluminiumsulfat aus Kohleschiefer und Ton geführt. Durch Extraktion mit Schwefelsäure werden aus diesen Rohmaterialien Aluminiumverbindungen hergestellt. Nähere Einzelheiten des Verfahrens (z. B. über die Konzentration der Schwefelsäure und die angewandten Temperaturen) werden von der Nacco (North American Coal Co.) nicht angegeben. Jedoch wird mitgeteilt („Chemische Industrie“ XIV, Juni 1962), daß eine Vorbehandlung des Ausgangsmaterials nicht notwendig sei, die Korrosionsprobleme gelöst seien und der Säureverlust sehr gering sei, da die Lösung nach Entfernung der Aluminiumsulfatkristalle immer von neuem verwandt werden kann. 95% des im Ausgangsstoff vorhandenen Aluminiums werden gewonnen. Bei der Umwandlung des Aluminiumsulfats in Tonerde werden unter Gleichgewichtskontrolle die schwefelhaltigen Dämpfe als Schwefeltrioxyd von der Schwefelsäure aufgenommen. In dem neuen Werk soll nur die Hälfte der Jahresproduktion an Aluminiumsulfat (40000 t) zu Tonerde weiterverarbeitet werden. Das ziemlich kleine Werk soll zunächst die Kosten des Verfahrens und dessen Konkurrenzfähigkeit gegenüber der Aluminiumgewinnung aus Bauxit ermitteln. Die Aluminiumproduktion in den USA wird 1962 voraussichtlich die 2-Millionen-Tonnen-Grenze überschreiten. Ha.

Columbium in Großproduktion

Das seltene Metall Columbium, auch Niobium genannt, wird in der modernen Technologie in steigendem Maße benötigt. Das neuentdeckte Columbiumerzvorkommen in Oka (kanadische Provinz Quebec) verspricht jedoch den Bedarf so ausreichend zu befriedigen, daß der Preis von 35 Dollar pro Pfund voraussichtlich auf 5 Dollar herabgehen wird, sobald die Weltjahresproduktion 10000 t erreicht. Die Columbiumerzvorräte von Oka werden auf 62,7 Mill. t geschätzt, was bei 5,6 Pfund Columbium je Tonne etwa 350 Mill. Pfund an reinem Metall entspricht. Die St. Lawrence Columbium & Metals Corp. verarbeitet zur Zeit täglich etwa 500 t Erz. Nach dem Ausbau der Anlagen von Oka, der durch große Investitionen vorangetrieben wird (woran außer Kanada und Wall-Street auch Pariser Banken beteiligt sind), wird eine Tagesproduktion von etwa 4000 t Erz erwartet, die 22400 Pfund Columbium täglich erbringen würden. Ha.

Kurznachrichten

Zwei sowjetische Expeditionen mit 150 Wissenschaftlern sowie auch amerikanische Expeditionen sind jetzt auf und bei **Spitzbergen** auf der Suche nach **Erdöl.** Hubschrauber dienen der Lufterkundung.

Erdölvorkommen, die so umfangreich sein sollen, daß sie die VR **Bulgarien** zu einem der Hauptproduzenten von Erdöl in Europa machen könnten, wurden im Pleven-Gebiet in der Nähe von Sofia erbohrt.

2000 m unter der Stadt **Hamburg** wurde ein **Erdölvorkommen** festgestellt, das das größte in Westdeutschland sein soll. Da die Förderung mitten in Hamburg aus Sicherheitsgründen nicht angängig ist, sollen die ersten Bohrungen außerhalb der Stadt niedergebracht werden.

Die **Erdölproduktion** der **kapitalistischen Länder** ohne die USA erreichte im Februar 1962 den bisher höchsten Stand von 12307000 barrels täglich, mit den USA den Höchststand von 23649100 barrels täglich. Daran war der Nahe Osten mit 5844400 barrels beteiligt.

Bei Höhenrain, etwa 30 km südöstlich von **München**, wurde in 3990 m Tiefe der bisher **tiefste Erdölfund** auf westdeutschem Boden gemacht. Die Aufschlußbohrung fördert stündlich 4,6 m^3 Rohöl.

Zwischen Kiel und Preetz **(Holstein)** wurde in 2550 m Tiefe eine rund 10 m mächtige **erdölführende Schicht** des **Dogger** angetroffen. Die Bohrung fördert etwa 30 t leichtes Rohöl täglich.

In dem durch Reflexionsseismik als höffig erkannten Asmari-Kalkstein von Khalafabad in **Iran** wurde eine im September 1961 niedergebrachte **Erdölbohrung** in 3250 m Tiefe fündig. Zur weiteren Erkundung soll dort eine zweite Bohrung niedergebracht werden.

Für die **Erdgastransporte** in **Nigerien** wurde im Juni 1962 eine 10,6 km lange Pipeline nach der Stadt Afam zur Versorgung des dort im Bau befindlichen Kraftwerks und eine 6 km Pipeline von Apara nach dem neuen Industriegebiet Trans-Amadi bei Port Harcourt fertiggestellt.

Mit den Vorarbeiten für die 4600 km lange **Pipeline,** die das **Erdgas** des Nahen Ostens über Ankara, Istanbul, Saloniki, Belgrad, Graz, München bis nach Brüssel und durch den Kanal nach London leiten soll, wurde begonnen. Das Projekt wird von amerikanischen Banken finanziert.

Während die meisten **kapitalistischen europäischen Länder** in der **Steinkohlenproduktion** des Jahres 1961 einen **Rückgang** oder wenigstens eine Stagnation zu verzeichnen hatten, stieg die der VR Polen um 2,1% auf insgesamt 106,6 Mill. t an.

Nach jahrelangen Versuchen, die insgesamt rund eine Mill. Schilling kosteten, steht nunmehr fest, daß die **steirische Braunkohle** nicht zu Briketts verarbeitet werden kann, die den Anforderungen an Abriebsfestigkeit und Ofenstandsfestigkeit genügen.

Die **Eisenhüttenindustrie** der **VR Rumänien** wird in diesem Jahre 1,9 Mill. t Walzgut, 1,6 Mill. t Roheisen und 2,5 Mill. t Stahl produzieren.

Die **Weltstahlproduktion** stieg ab Beginn des Jahrhunderts wie folgt: 1900 = 28 Mill. t, 1925 = 115 Mill. t, 1950 = 188 Mill. t, 1961 = 362 Mill. t. 1961 produzierten die sozialistischen Länder (ohne China) 93,1 Mill. t, die UdSSR allein 71,2, die USA 89,0, die Montanunion 73,2 Mill. t, die gesamten sozialistischen Länder 113,5 Mill. t.

Zur Ausbeutung der **Manganeisen**erzlagerstätten von Um Bogma sowie der neuerschlossenen von Beda Thora auf der **Sinaihalbinsel** wird von **Ägypten** ein Werk zur Produktion von Ferromangan geplant. Das Erdgas des Balaim-Gebietes, Nebenprodukt des dortigen Erdöls, wird die erforderliche Energie liefern.

Beihefte zur Zeitschrift GEOLOGIE

Heft 20: ULRICH JUX & HANS D. PFLUG
Über Aufbau und Altersgliederung des Rheinischen Braunkohlenbeckens
1958. 48 Seiten — 11 Abbildungen — 17 × 24 cm DM 8,20

Heft 21/22: WILFRIED KRUTZSCH
Mikropaläontologische (sporenpaläontologische) Untersuchungen in der Braunkohle des Geiseltales
1959. 425 Seiten einschließlich 49 Bildtafeln — 38 Abbildungen — 12 Tabellen — 17 × 24 cm — DM 53,—

Heft 23: HANS HETZER
Feinstratigraphie, Sedimentationsverhältnisse und Paläogeographie des höheren Ordoviciums am Südostrand des Schwarzburger Sattels
1958. 96 Seiten einschließlich 11 Bildtafeln — 10 Abbildungen — 17 × 24 cm — DM 9,80

Heft 24: WOLFGANG JUNG
Zur Feinstratigraphie der Werraanhydrite (Zechstein 1) im Bereich der Sangerhäuser und Mansfelder Mulde
1958. 87 Seiten einschließlich 13 Bildtafeln — 10 Abbildungen — 4 Tabellen — 17 × 24 cm — DM 9,80

Heft 25: EHRHARD VOIGT
Revision der von F. v. Hagenow 1839—1850 aus der Schreibkreide von Rügen veröffentlichten Bryozoen
1959. 80 Seiten einschließlich 10 Bildtafeln — 7 Abbildungen — 17 × 24 cm — DM 9,—

Heft 26: RUDOLF DABER
Die Mittel-Visé-Flora der Tiefbohrungen von Doberlug-Kirchhain
1959. 83 Seiten einschließlich 17 Bildtafeln — 29 Abbildungen — 17 × 24 cm — DM 10,50

Heft 27: RUDOLF MEINHOLD
Der geologische Bau und die Erdöl- und Erdgasführung der Deutschen Demokratischen Republik und der angrenzenden Gebiete des Norddeutschen Flachlandes
1960. 66 Seiten — 26 Abbildungen — 8 Tabellen — 17 × 24 cm — DM 7,—

Heft 28: ULRICH JUX
Zur Geologie des Vopnafjord-Gebietes in Nordost-Island
1960. 58 Seiten einschließlich 7 Bildtafeln — 14 Abbildungen — 1 farbige Einschlagtafel — 17 × 24 cm — DM 7,50

Heft 30: THOMAS KAEMMEL
Geologie, Petrographie und Geochemie der Zinnlagerstätte „Tannenberg" (Vogtland)
1961. 105 Seiten — 58 Abbildungen — 20 Tabellen — 17 × 24 cm — DM 12,50

Heft 31: HORST BRUNNER
Eisrandlagen und Vereisungsgrenzen im Hohen Fläming
1961. 74 Seiten — 10 Abbildungen — 1 Tabelle — 17 × 24 cm — DM 6,—

Heft 32: AUTORENKOLLEKTIV
Sporenpaläontologische Beiträge
1961. 127 Seiten einschließlich 17 Bildtafeln — 25 Abbildungen — 1 Tabelle — 17 × 24 cm — DM 16,—

Heft 33: MANFRED BARTHEL
Epidermisuntersuchungen an einigen inkohlten Pteridospermenblättern des Oberkarbons und Perms
1962. 140 Seiten einschließlich 41 Bildtafeln — 70 Abbildungen — 1 Tabelle — 17 × 24 cm — DM 28,50

Heft 34: MANFRED REICHSTEIN
Die Stratigraphie der Hercynkalke bei Güntersberge im Unterharz und das Problem der Hercynkalkentstehung
1962. 73 Seiten einschließlich 1 Bildtafel — 31 Abbildungen — 4 Tabellen — 17 × 24 cm — DM 12,—

Heft 35: GERMAN MÜLLER
Zur Geochemie des Strontiums in ozeanen Evaporiten unter besonderer Berücksichtigung der sedimentären Coelestinlagerstätte von Hemmelte-West (Süd-Oldenburg)
90 Seiten — 35 Abbildungen einschließlich 3 Einschlagtafeln — 38 Tabellen — 17 × 24 cm — DM 11,50

In Vorbereitung befinden sich folgende Beihefte:

WERNER SCHULZ
Das Pleistozän zwischen Weißer Elster, Saale und Wethau und seine Stellung im Pleistozän Mitteldeutschlands

ROLF SEIM
Petrologische Untersuchungen an kontaktmetasomatischen Gesteinen vom Ostrand des Brockenmassivs (Harz)

WILFRIED KRUTZSCH & DIETER LOTSCH
Gliederung und Parallelisierung der Ablagerungen des höheren Eozäns und des tieferen und mittleren Oligozäns in West- und Mitteleuropa und die Lage der Eozän/Oligozän-Grenze in diesem Gebiet

YVONNE KIESEL & DIETER LOTSCH
Zur Mikrofauna des südbrandenburgischen Obereozäns

Bestellungen einzelner Hefte oder zur Fortsetzung durch eine Buchhandlung erbeten

AKADEMIE-VERLAG · BERLIN

In den nächsten Heften der Zeitschrift für angewandte Geologie

erscheinen u. a. folgende Beiträge

G. BACHMANN & F. REUTER: Eine Klassifikation der unterirdischen Wässer für ingenieurgeologische Zwecke
J. VERFEL: Injektionsschleier in Felsgesteinen
M. KOLÁŘOVÁ: Ergebnisse komplexer hydrogeologischer Untersuchungen im Cheb-Becken
I. ORMANDY: Hydrogeologische Probleme im Steinkohlenrevier von Ostrava—Karviná
I. G. STJOPIN: Anwendungsmöglichkeiten hydrodynamischer Untersuchungen in Erdöllagerstätten
W. NÖLDEKE & F. ROHRBECK: Über den Einsatz des Doppelkernrohres System LOOSE (Doberlug-Kirchhain)
D. FRANKE: Der Begriff Fazies (1. Teil)
H. KALÄHNE: Die Entwässerung im Braunkohlenbergbau der Lausitz
H. EGGERT: Berechnung von Braunkohlenlagerstätten mit einer programmgesteuerten Rechenanlage
M. KRAFT: Ein Beitrag zum Nachweis primärer Dispersionshöfe am Beispiel einer Zinnerkundungsbohrung
A. A. KURTJUKOW & K. FEIRER: Scheelitvererzung in Skarnen des Exokontaktes des Bergener Granitmassivs
E. STOLLE: Zur Hartsalzerkundung im Kalisalzlager Staßfurt unter besonderer Berücksichtigung des Südharzgebietes

Herausgeber Staatliche Geologische Kommission und Zentrale Vorratskommission für mineralische Rohstoffe der Deutschen Demokratischen Republik. Für die kollektive Chefredaktion: Dr. K. KAUTER (Redaktionssekretär), Berlin. Redaktion: Berlin N 4, Invalidenstraße 44. Verlag: Akademie-Verlag GmbH, Berlin W 8, Leipziger Straße 3—4 (Fernsprecher 220441, Telex 011773, Postscheckkonto: Berlin 35021). Bestellnummer des Heftes 1047/8/11. Die „Zeitschrift für angewandte Geologie" erscheint monatlich. Bezugspreis 2,— DM je Heft. — Satz und Druck: Druckhaus „Maxim Gorki", Altenburg. Veröffentlicht unter der Lizenznummer ZLN 5008 des Ministeriums für Kultur. Karten: MdI der DDR, Nr. 7956

FSC www.fsc.org
MIX
Papier | Fördert gute Waldnutzung
FSC® C083411

Zeitfracht Medien GmbH
Ferdinand-Jühlke-Straße 7
99095 Erfurt, Deutschland
produktsicherheit@kolibri360.de